Brigitte Scheidt

NEUE WEGE IM BERUFSLEBEN

Ein Ratgeber und Arbeitsbuch
zur beruflichen Neuorientierung

GABAL

Bibliografische Information der Deutschen Nationalbibliothek

Die Deutsche Nationalbibliothek verzeichnet diese Publikation in der Deutschen Nationalbibliografie; detaillierte bibliografische Informationen sind im Internet über http://dnb.d-nb.de abrufbar.

ISBN 978-3-89749-921-8

4., überarbeitete Neuauflage
Die beiden ersten Auflagen des Buches sind im W. Bertelsmann Verlag, Bielefeld erschienen.

Lektorat: Uta Graßhoff, Offenbach
Umschlaggestaltung: Martin Zech Design, Bremen | www.martinzech.de
Illustrationen: Timo Wuerz
Satz und Layout: Das Herstellungsbüro, Hamburg | www.buch-herstellungsbuero.de
Druck und Bindung: Salzland Druck, Staßfurt

Über aktuelle Neuerscheinungen und Veranstaltungen informiert Sie der GABAL-Newsletter unter www.gabal-verlag.de

INHALT

VORWORT

**Sehr geehrte Leserin,
sehr geehrter Leser,**

bereits bei der zweiten Auflage dieses Buches habe ich mich gefreut, dass mein Ansatz zur beruflichen Neuorientierung in den Medien wie bei Leserinnen und Lesern auf eine so positive Resonanz gestoßen ist. Und nun halten Sie ein Exemplar der dritten Auflage *Neue Wege im Berufsleben* in den Händen, die im GABAL Verlag erscheint. Dieses Buch verspricht nicht, dass ein wirklicher Berufswechsel einfach ist, aber es zeigt auf, dass und wie er möglich ist. Dies bestätigen auch die vielen E-Mails von Lesern, die mich seit Erscheinen des Buches erreicht haben.

Was ist neu? Textliche Veränderungen und Ergänzungen habe ich dort vorgenommen, wo es der Klarstellung, dem besseren Verständnis dient. Die meisten Checklisten sind erweitert und dadurch noch präziser geworden. Dabei haben mir Anregungen von Lesern sehr geholfen. Die dritte Auflage ist optisch noch ansprechender gestaltet. Ansonsten handelt es sich um eine inhaltlich weitgehend unveränderte Fassung.

Immer wieder höre ich, wie erleichternd es für viele ist, zu lesen, dass berufliche Neuorientierung nicht einseitig verstandesgemäß planbar ist, sondern einen persönlichen Entwicklungsprozess erfordert. Ziel des Prozesses ist es, beruflich das zu (er-)finden, was zu Ihnen passt, und dies umzusetzen. Um dahin zu kommen, ist es sinnvoll, dass Sie sich u.a. mit Ihren beruflichen Träumen, Ihrem Begriff von Erfolg, Ihren Potenzialen und Talenten, Ihrer Entwicklungs- und Lerngeschichte wie mit Ihrem bisherigen Berufsweg befassen. Dies ist aufregend und herausfordernd. Manches wird für Sie neu sein, anderes werden Sie vermutlich danach neu sehen. Immer wieder wird auch von Blockaden die Rede sein, also davon, was zu tun ist, wenn es schwierig wird.

Ich bin interessiert zu erfahren, wie es Ihnen bei Ihrer beruflichen Veränderung ergangen ist. Wie haben Sie das vorliegende Buch nutzen können? Was haben Sie als weiterführend erlebt und was hat Ihnen gefehlt.

Ihr Feedback hilft uns – dem Verlag und mir – weiter. Wenn Sie Lust haben, schicken Sie mir doch die Geschichte Ihrer beruflichen Neuorientierung. (info@BrigitteScheidt.de).

Ich wünsche Ihnen bei Ihrer beruflichen Neubestimmung viel Geduld, Kraft, Mut und Spaß, damit Sie das finden, was Ihnen (beruflich) am Herzen liegt und wofür Sie wirklich brennen.

Brigitte Scheidt

EINFÜHRUNG

»Das kann doch beruflich nicht alles gewesen sein«, haben Sie vielleicht manchmal gedacht. Solche und ähnliche Überlegungen kennen viele Menschen. Dabei bleibt es häufig, und das, obwohl der Wunsch nach einer grundsätzlichen beruflichen Veränderung besteht und sich immer wieder meldet.

Wir spielen zwar theoretisch mit der Möglichkeit einer beruflichen Neuorientierung – doch tausend gute Gründe sprechen dagegen. Dazu zählen beispielsweise die allgemeine wirtschaftliche Situation, die persönliche Lage und schließlich berechtigte Bedenken und Fragen wie: Es ist absurd, aus meiner gut bezahlten Stelle jetzt auszusteigen. Was kann ich überhaupt anderes machen? Bin ich nicht zu alt? Ich kann noch nicht einmal formulieren, was ich beruflich anderes machen will. Alles ist so diffus.

Meine zentrale These lautet: Eine grundsätzliche berufliche Neu- bzw. Umorientierung erfordert und bedeutet – neben dem Lernen von neuem fachlichem Know-how – auch immer einen psychischen Entwicklungsprozess. An seinem Ende steht – bei Erfolg – eine neue berufliche Identität.

Viele Ratgeber zur beruflichen Neuorientierung (dabei ist es beliebig, an wen sie sich richten) suggerieren: Sie müssen nur herausfinden, was Sie wollen, und dann dieses Wissen konsequent umsetzen. In der Regel wird landläufig von einem linearen Prozess ausgegangen, der in etwa so abläuft: Analyse Ihrer Stärken und Schwächen, Einbeziehung Ihrer besonderen Talente und Hobbys, Zielfindung, die richtigen Leute, das richtige Auftreten usw. Das kennen Sie sicherlich alles schon. Nur, es ist häufig so wie auch im sonstigen Leben: Selbst wenn wir erkennen oder eigentlich wissen, was wir gerne tun wollten, so liegen bis zur Umsetzung Welten dazwischen.

Hinzu kommt, dass wir uns nach einigen Jahren Berufserfahrung in einer anderen Lebensphase befinden. Die Entwicklung neuer beruflicher Perspektiven funktioniert in seltenen Fällen so gradlinig wie zu Beginn unseres Berufslebens. Damals war für manche die Richtung und Karriere bereits in Teilen vorgezeichnet, für andere schienen alle Wege im jeweiligen Berufsfeld offen zu stehen. Warum das nach jahrelanger Berufstätigkeit anders ist und wie man eine berufliche Neuorientierung erfolgreich gestalten und zu einer neuen beruflichen Identität gelangen kann, davon handelt dieses Buch.

BERUFLICHE IDENTITÄT: ICH BIN, WAS ICH TUE

Auf die Frage »Wer sind Sie?« antworten wir häufig ganz selbstverständlich »Ich *bin* Juristin, Ökonom, Meisterin, Stationsarzt, Lehrerin, Ingenieur, Buchbinder, Ergotherapeutin, Soziologin oder Sozialarbeiter«; d.h., wir stellen uns anderen vor bzw. wir werden vorgestellt mit:

- unserer Berufsbezeichnung: Tierärztin, Musiker;
- unserer Funktion: Vorsitzender von X, Leiter von Y, zuständig für Z, Meister, Unternehmer;
- unserem Titel: Prof., Dr., benannten beruflichen Leistungen (hat gegründet, hat sich eingesetzt, Träger von);
- unserem Rang: Admiral, Direktor, Chefarzt (hat besondere Bedeutung für stark hierarchische Strukturen);

- unseren anderen beruflichen Zusammenhängen (wie Mitglied von einem Verband).

Berufliche Angaben sagen offensichtlich direkt etwas über uns aus. »Ich bin Lehrer. I'm a teacher. Je suis professeur« – allein in diesen drei Sprachen weist die Verbindung von **ich** und **sein** bereits darauf hin, dass der berufliche Bereich mit unterschiedlichen Facetten in unseren Kulturkreisen als Teil einer Person erlebt und betrachtet wird. Wir sprechen in diesem Zusammenhang von beruflicher Identität.

Immer dann, wenn der Begriff Identität benutzt wird, ist der Kern oder der vermutete Kern unserer Persönlichkeit gemeint – das, was uns ausmacht.

Zum Hintergrund

ZUM BEGRIFF IDENTITÄT

Unter Identität versteht die Psychologie wie auch andere Sozialwissenschaften im weitesten Sinne die Summe der wesentlichen Merkmale eines Menschen, mit denen er sich über die Zeit und die Veränderung der Umwelt gleich erlebt und für die anderen gleich bleibt. Der Begriff leitet sich aus dem Lateinischen idem ab, was soviel bedeutet wie derselbe, dieselbe.

Identität als Kategorie dient u.a. dazu, Aussagen über die psychische Stabilität von Einzelnen und Gruppen zu machen. Die Grundannahme dabei ist, dass die psychische Stabilität umso größer ist, je besser ein Individuum seine Loslösung von seiner Herkunftsfamilie bewältigt hat und sich als ein eigenständiges Wesen versteht und handelt.

Neben der Entwicklung von Autonomie gehört zu einer positiv entwickelten Identität die Fähigkeit, sich mit Anforderungen und Rollen, die an jeden von uns gestellt werden, zu identifizieren, z. B. mit seiner Geschlechterrolle. Eigene Entscheidungen sollten getroffen werden können, und es erfolgt nach und nach eine Art Selbstdefinition durch Positionierung zur Welt. Mögliche Kriterien sind dabei: Was ist mir wichtig? Wohin und zu wem gehöre ich? Was halte ich für richtig? Was für ein Mensch bin ich?

Die grundlegende Identitätsfindung als Mensch vollzieht sich in der Regel in der Pubertätsphase. Wenn die Identitätsbildung positiv verlaufen ist, dann sind die Haltungen und Werte Teil der eigenen Person geworden und wirken über weite Strecken des Lebens handlungsanleitend. Eine spezielle berufliche Identität entwickelt sich darauf aufbauend später, vor allem in den ersten Berufsjahren.

Die Kontinuität des Selbsterlebens gilt als ein zentraler Aspekt der Identität. Sich treu zu sein, sich selbst über einen größeren Zeitraum als berechenbar zu erleben und für andere zu sein, gibt Sicherheit und psychische Gesundheit. Auffällig ist, dass es keine einheitliche Definition gibt, was die Identität eines Menschen ist. Vielmehr ist es üblich, über Teilidentitäten zu sprechen, daher auch hier: berufliche Identität.

Angesichts der vielfältigen Anforderungen, die an jeden Einzelnen von uns in ganz unterschiedlichen Umfeldern gestellt werden, scheint dies zu der Fragmentierung unserer Lebensbereiche zu passen. Die meisten Menschen bilden Identitäten bezogen auf einen jeweiligen Teilbereich aus, was dazu führt, dass die gleiche Person in unterschiedlichen Funktionen sich unterschiedlich verhält und entsprechend verschieden erlebt wird.

So erscheint jemand beispielsweise in seinem Beruf als Arzt duldsam, als Vorgesetzter autoritär, zu Gleichgestellten sehr kollegial. Im Privaten ist er als Vater ungeduldig, als Ehemann widersprüchlich, als Freund großzügig. Als Funktionär ist jemand in der Rolle des Gemeinderates rigide, als Politiker integer.

An dieser Stelle möchte ich noch betonen, dass die Identitätsbildung oft nicht idealtypisch verläuft und auch nicht mit der Pubertät abgeschlossen ist. Die Ausprägungen zeigen sich mit den Jahren, dabei findet eine Verfestigung statt.

Einschnitte in den eigenen Lebensbedingungen sowie starke Anforderungen des Umfelds können eine Modifizierung oder Neudefinition ermöglichen bzw. erforderlich machen.

Die berufliche Tätigkeit wird also allgemein als ein wesentlicher Bestandteil der Identität angesehen. Im Alltag handeln wir entsprechend. Die mit diesen Selbstverständlichkeiten verbundenen Implikationen werden dabei oft übersehen.

Wenn Sie sich in Ihrem Bekanntenkreis umschauen, dann fallen Ihnen sicherlich Menschen ein, die durch ihre Tätigkeit und Ausbildung in der Art ihres Denkens geprägt sind und daraus Habitus und Status ableiten. Im Gegenzug tendieren wir dazu, ihnen diese wiederum zuzuschreiben. Besonders deutlich werden solche Verhaltensweisen z.B. bei Ärzten und Juristen, die einen ganz ausgeprägten eigenen Umgang untereinander pflegen. Er drückt sich in Sprache (Herr Kollege), in Kleidung (Kittel, Robe) aus und wird so für andere sichtbar. Vergleichbares gilt für die meisten Angehörigen anderer Berufsfelder, seien es nun

Banker, Personen aus dem Mediengeschäft oder Menschen mit sozialen Berufen. Ob Managerin, Handwerker, Vertreterin oder Unternehmensberater, viele von uns betrachten den Beruf ganz selbstverständlich als zur eigenen Person gehörig. Er bestimmt u.a. unsere soziale Rolle in der Gesellschaft und viele der jeweiligen Reaktionen.

BERUFLICHE VERÄNDERUNG ALS WACHSTUMSPROZESS

Eine berufliche Neuorientierung wird zwangsläufig Einfluss auf die Identität eines Menschen haben und haben müssen. Identitätsveränderungen verlaufen allerdings nach aller Erfahrung nie linear. Dementsprechend ist auch eine berufliche Neuorientierung kein linearer Prozess.

In dem vorliegenden Buch wird viel von Prozessen die Rede sein. Es handelt sich hierbei um innerpsychische Vorgänge, die sehr individuell sind. Möglichkeiten zu Veränderungen und Entwicklung sind abhängig von der Lerngeschichte, der jeweiligen Biografie, d.h. im Grunde von dem, was jemand an Überzeugungen, Ressourcen und Hypotheken mit sich herumträgt. Entsprechend diesen individuellen Voraussetzungen sind Menschen neuen Ideen und Anforderungen gegenüber unterschiedlich aufgeschlossen.

Vermutlich wurden auch Sie bereits einmal mit einer Idee konfrontiert, die Ihnen auf den ersten Blick fremd, ja, sogar bedrohlich erschien. Vermutlich haben Sie begonnen, gedanklich durchzuspielen, wie es wäre, wenn ...? Solche Antizipation von Situationen (z.B. Ortswechsel, ein anderer Partner, Aussteigen, berufliche Veränderungen) hilft uns, eine neue Möglichkeit zu überprüfen. Selbst wenn wir eine Idee reizvoll finden, dauert es oft eine Weile, bis wir sie in unserem Leben für umsetzbar halten. Der Einbau einer wirklich neuen Option in unser Handlungsrepertoire verunsichert uns, kollidiert mit anderen Überlegungen und eventuell auch mit unseren Werten.

Abwehrmechanismen

Es wird hier schon deutlich, dass eine potenzielle Veränderung oder Erweiterung unseres Handlungsrahmens immer sowohl unseren Verstand als auch die Emotion anspricht. In unterschiedlichem Ausmaß antworten wir zunächst mit Abwehrmechanismen, da Menschen dazu tendieren, das Vertraute, Bekannte (egal ob gut oder schlecht) beizubehalten. Zuerst versuchen wir daher häufig, eine neue Anforderung mit unseren alten Mustern und Strategien zu bewältigen. Erst wenn diese Verhaltensweisen aufgrund äußeren oder inneren Druckes nicht mehr greifen, werden unsere Muster und Regeln infrage gestellt, und wir sind gezwungen, neue Antworten zu finden. Rationale Einsicht reicht dazu nicht. Es handelt sich vielmehr um Prozesse, in denen innerpsychisch das Für und Wider so lange ausgetragen wird, bis wir in der Lage sind, das Neue als Teil unserer Lebenswirklichkeit zu akzeptieren und als zu uns zugehörig zu begreifen. Berufliche Neuorientierung erfordert folgerichtig, dass Sie sich mit dem, was Sie ausmacht (Ihrer Identität), auseinandersetzen und diese Erkenntnisse in Einklang mit Ihren (neuen) Wünschen und Ihrem Handeln bringen. Eine solche Einheit herzustellen ist zwingend erforderlich und kann nicht in Form eines Programms nach dem Motto »Stärken-Schwächen-Analyse und dann los« bearbeitet werden.

HINWEIS
Wenn Sie sich zu einer beruflichen Neuorientierung entschließen, dann geht es ganz direkt um Sie. Bei einem so bedeutsamen Vorhaben sollten Sie sorgfältig vorgehen und achtsam mit sich sein. Es lohnt sich, sich gut vorzubereiten. Dazu gehört, dass Sie sich darauf einstellen, dass diese Zeit aufregend und herausfordernd sein wird. Manchmal werden Sie (vermutlich) zweifeln und sich verunsichert fühlen, ein anderes Mal werden Sie voller Zuversicht und Freude sein. Sie sollten um mögliche Schwierigkeiten wissen und wie sie zu meistern sind. Auch wenn der gesamte Prozess in Phasen einteilbar ist, so ist der Rhythmus für jeden unterschiedlich. Machen Sie sich also mit dem Gedanken vertraut, es wird nicht (immer) nach Plan gehen. Das alles ist typisch und normal für persönliche Veränderungsprozesse.

DAS BUCH ALS ORIENTIERUNGSHILFE

Dieses Buch soll Ihnen eine Orientierungshilfe sein. Anhand eines Fallbeispiels (gekennzeichnet durch kursive Schrift und einem grau hinterlegtem »Elke«) können Sie eine berufliche Neuorientierung als Gesamtprozess mit möglichen Umwegen verfolgen. Die exemplarisch dokumentierten Erfahrungen und Schritte werden jeweils theoretisch eingeordnet, um so das Typische für Ihren eigenen Weg nutzbar zu machen. Dabei wird am Beispiel ersichtlich, dass die beiden Fragenkomplexe:

1. **Was beschäftigt mich? Was ist mein Eigenes? (Selbstkonzeptebene) und**
2. **Was steht an? Was ist zu tun? (Handlungsebene)**

diesen Weg bestimmen werden.

Für den Verlauf der Neuorientierung habe ich anhand des Fallbeispiels ein Phasenmodell entwickelt. Diesem zu folgen ermöglicht Ihnen, den Stand Ihres Prozesses zu bestimmen. Damit steht Ihnen eine Art Kompass zur Verfügung, anhand dessen Sie beispielsweise überlegen können, welcher Schritt für Sie ansteht.

Erfahrungen aus der Praxis

Ich hatte die Gelegenheit, durch die Arbeit mit Klienten viele unterschiedliche Entwicklungsprozesse kennenzulernen. Der vorliegende Text basiert auf den langjährigen Erfahrungen aus Beratung und Therapie und dem darauf begründeten Wissen um das Wesen von Veränderungen. Während des Schreibens habe ich aus professionellem Interesse, wann immer sich die Möglichkeit ergab, Gespräche mit Menschen geführt, die sich beruflich neu orientiert haben. Die dort gewonnenen Erkenntnisse haben ebenfalls zu dem Buch beigetragen und nochmals die Notwendigkeit aufgezeigt, Unterstützung für die psychischen Anforderungen zu geben, die eine Neuorientierung an den Einzelnen stellt.

Einsicht allein genügt nicht

In der Karriereberatung werden persönliche Umstrukturierungsprozesse bisher ebenfalls häufig kognitiv angesiedelt: Uns wird nahegelegt, rational zu beschließen, uns anders zu verhalten, weil sich etwa »die Bedingungen verändert haben …«, bzw. unserer Einsicht zu folgen und so Erfahrungen neu zu bewerten.

Im Gegensatz dazu richte ich meinen Blick vor allem auf die innerpsychischen Prozesse, die Sie vermutlich bei einer Neuorientierung erleben werden, und auf Vorschläge zum konstruktiven Umgang damit. Darauf aufbauend erhalten Sie jeweils Anregungen, was Sie ausprobieren können und welche Optionen Ihnen außer den bekannten zur Verfügung stehen.

Ich habe mich um eine allgemein verständliche Sprache bemüht und dabei weitgehend auf Fachsprache verzichtet. Psychologische Grundlagen habe ich explizit dann eingebaut, wenn sie zum besseren Verständnis und zur Einordnung der geschilderten

Erfahrungen notwendig sind. Checklisten geben Ihnen zusätzlich Anregungen, Standortbestimmungen vorzunehmen, Blockaden aufzulösen und sich Ihre Ziele zu erarbeiten.

Herausgekommen ist ein Ratgeber für eine »Entdeckungsreise«, der Ihnen als praktisches Kurs- und Arbeitsbuch dienen soll.

Zielgruppen

Das vorliegende Buch ist für Sie gedacht, wenn Sie aus eigenem Antrieb eine berufliche Veränderung anstreben. Die Gründe können dafür unterschiedlich sein: Vielleicht fühlen Sie sich über- oder unterfordert bzw. vielleicht trifft beides gleichzeitig zu? Vielleicht fehlt Ihnen der Sinn in Ihrem Tun? Vielleicht sind Sie schlicht gelangweilt? Vielleicht wissen Sie nicht mehr, warum Sie das machen, was Sie machen? Vielleicht fühlen Sie in Ihrer jetzigen Tätigkeit ein diffuses Unbehagen und Sie können die Gründe (noch) nicht in Worte fassen? Vielleicht wollten Sie schon immer etwas Anderes/Neues ausprobieren? Vielleicht stellen Sie sich die Frage, ob Ihre Karriere den Preis wert ist, den Sie dafür zahlen.

Vielleicht ist eine Kündigung ein willkommener Anlass, um Ihren beruflichen Weg neu zu überdenken? Vielleicht sind Sie bereits eine Weile arbeitslos und wollen sich nun neu umtun? Vielleicht wollen Sie nach einer Familienpause wieder neu ins Berufsleben einsteigen? In der Regel gehören Sie zu den Menschen, die relativ gut ausgebildet sind und einige Jahre Berufserfahrung haben. Sollten andere Kriterien auf Sie zutreffen und Sie sich von diesem Text trotzdem angesprochen fühlen, dann gehören Sie ebenfalls zur Zielgruppe.

Ich richte mich an Männer und Frauen. Damit der Text flüssig lesbar ist, habe ich mich dafür entschieden, für beide Geschlechter im Weiteren die männliche Form zu verwenden. Wenn es konkret um Frauen geht, benutze ich die weibliche Form.

Inhalt

Im Verlauf einer beruflichen Neuorientierung verlassen wir sicheres Terrain. Wir begeben uns auf Neuland, das erkundet werden will. Dazu gehört, dass wir feststellen sollten, ob wir dort überhaupt leben können, und wenn ja, unter welchen Bedingungen. Für den anstehenden Prozess bedeutet dies, dass ein psychischer Lernprozess erforderlich ist, in dessen Verlauf u.a. Werte und Regeln wie auch Überzeugungen neu überprüft werden.

Nehmen wir beispielsweise an, ein Manager entdeckt, dass seine künstlerischen Neigungen ausgeprägt und fundiert sind, aber noch nie hat jemand aus seiner Familie sich auf ein – aus ihrer Sicht – so unsolides Gebiet bewegt. Oder ein anderer, im sozialen Bereich tätig, hat eine tolle Geschäftsidee und spielt mit dem Gedanken, sich selbstständig zu machen, aber ihn bremst die Sorge: Was ist mit der Sicherheit, wenn ich nicht mehr angestellt tätig bin?

In beiden Fällen müssen die Betreffenden sich mit den jeweiligen Berufsbildern und neuen Anforderungen identifizieren können, d.h., sie müssen sich vorstellen können, als Künstler bzw. als Unternehmer vor sich und anderen bestehen zu können.

Unabhängig davon, was Ihre zukünftige berufliche Perspektive sein wird, auch Sie sollten sich mit dieser gewählten Tätigkeit identifizieren können. Nur dann ist es Ihnen möglich, diesen neuen beruflichen Weg auch im Einklang mit sich zu gehen. Darüber hinaus erhöhen Sie Ihre beruflichen Erfolgschancen eindeutig, wenn Sie von dem, was Sie tun oder tun wollen, überzeugt sind.

PHASENMODELL DER BERUFLICHEN NEUORIENTIERUNG

Die 5 Phasen

Die berufliche Neuorientierung habe ich in Phasen eingeteilt. Benannt sind diese nach den jeweils zentralen Themen, die im Vordergrund stehen und »zu leisten« sind. Die fünf Phasen, **Trennungsphase – Öffnungsphase – Suchphase – Findungsphase – Zielphase,** bauen aufeinander auf und gehen fließend ineinander über. Eine herausragende Bedeutung kommt der *Verabschiedung von Vertrautem, von Vergangenem* zu. Mit diesem Prozess beginnt die Neuorientierung schon in der Trennungsphase. Erst dadurch entsteht Platz für Neues. Wir müssen uns beispielsweise zunächst von unserem Arbeitsplatz innerlich wie formal trennen, ebenso auch von vermutlich lieb gewonnenen Vorstellungen. Daher lassen Sie sich von den Begriffen wie Trennung und Verabschiedung nicht verschrecken. Ohne sie gibt es keine Entwicklung im Leben. Der Abschied von Vertrautem begegnet uns folgerichtig in allen Phasen. Aus diesem Grund habe ich diesen Vorgang in Abbildung 1 parallel zu allen Phasen eingeordnet.

Der Text folgt im Grunde diesem idealtypischen Verlauf. Ich weise jedoch (wie aus Abbildung 1 ebenfalls ersichtlich) immer wieder darauf hin, dass die Prozesse vor- und rückläufig sein können, manchmal sogar müssen.

Neuorientierung – Ihr Projekt

In den folgenden Kapiteln werden Sie kaum etwas zu den üblichen Instrumenten zur Karriereentwicklung, wie die »richtige« Nutzung des Internets oder die »ansprechende« Bewerbungsmappe lesen. Dafür gibt es genügend gute Ratgeber. Stattdessen geht es darum, Ihnen Überlegungen, Erfahrungen und auch Handlungsvorschläge für diesen Prozess als Text zur Verfügung zu stellen, in dem Sie immer wieder nachlesen können. Er soll Sie auf Ihrer Reise unterstützen, begleiten und Ihnen so helfen, den eigenen Entwicklungsprozess besser zu verstehen und konstruktiv zu gestalten. Am Ende dieses Weges soll Ihre neue berufliche Perspektive stehen, eine zweite Karriere, die zu Ihnen passt.

Berufliche Neuorientierung bedeutet Arbeit in einer anderen Form. Selbst wenn Sie formal ohne erwerbsmäßige Beschäftigung sind, ohne Aufgaben und Herausforderungen sind Sie jedoch nicht. Machen Sie sich diese Haltung zu eigen. Dies ist wichtig für Ihr eigenes Selbstverständnis wie für das Auftreten gegenüber Ihrem Umfeld. Wenn Sie sich auf diese Reise begeben, dann ist berufliche Neuorientierung für die nächste Zeit *Ihr Projekt*.

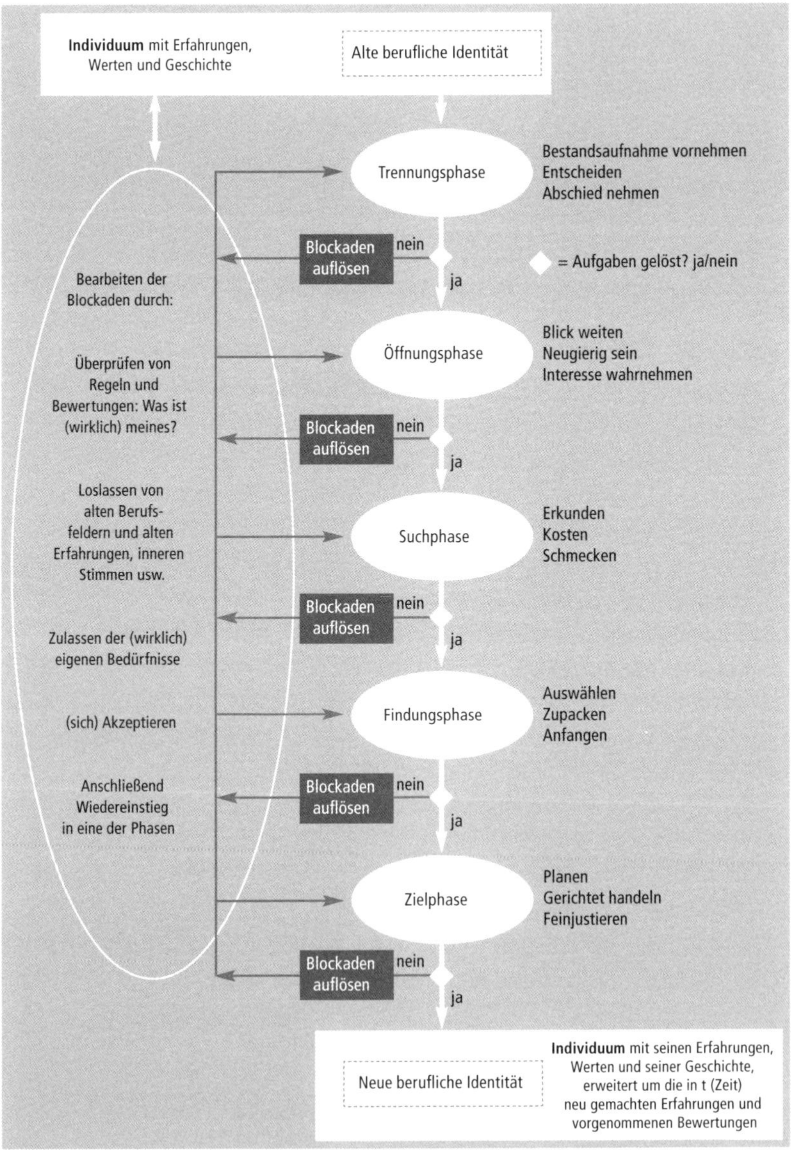

Abb. 1: Phasenmodell der beruflichen Neuorientierung
Schematische Darstellung: In jeder Phase sind zentrale Aufgaben zu bewältigen.

1. TRENNUNGSPHASE

VORBEMERKUNG

Motive für berufliche Veränderung

Die erste Phase beginnt in der Regel schon am alten Arbeitsplatz. Wir haben Gründe, wenn wir ihn aufgeben. Unzufriedenheit, Unbehagen, Lust auf neue Herausforderungen, Neugier – diese und ähnliche Motive drängen Menschen, sich beruflich neu umzuschauen. Eine innere Motivation treibt uns ebenfalls an, wenn wir die Kündigung als Chance sehen, eine Auszeit zu haben, unseren beruflichen Weg zu überdenken und gegebenenfalls neu auszurichten.

Die Ausgangslage von Menschen, die (neudeutsch) outgesourct oder einfach gekündigt werden, ist oft zunächst grundsätzlich unterschiedlich. Sie verlassen ihre Arbeit zwangsweise, d. h., die anstehende Veränderung, die Suche nach einer neuen Betätigung bzw. nach einer neuen Perspektive ist fremdbestimmt. Wenn dies auf Sie zutrifft, müssen Sie für einen solchen Prozess erst eine innere Motivation aufbauen.

Es ist wichtig, dass Sie sich, bevor Sie sich auf diesen Weg einlassen, über Ihre eigentliche Motivation klar werden. Weswegen spielen Sie mit dem Gedanken, sich beruflich zu verändern? Weswegen sind Sie ausgestiegen?

HINWEIS
Selbst wenn Menschen sich auf etwas Neues freuen, bedeutet es auch immer, Bekanntes hinter sich (zurück) zu lassen. Eine Situation bewusst zu beenden (Verabschiedung) schafft Freiraum für neue Perspektiven. Neue Bedingungen bringen neben dem Gewinn immer einen Verlust von Möglichkeiten und von Vertrautem.

Anderen das Feld überlassen

Für den privaten Bereich (z.B. Wechsel vom Singledasein zum Leben in einer Beziehung) wie auch für das berufliche Feld gilt: Um gehen zu können, ist es erforderlich, *loszulassen*, d.h. zu erkennen, dass man keinen Einfluss (mehr) auf den alten Bereich hat oder haben will. Andere Personen werden jetzt zuständig sein. Das ist eine scheinbare Selbstverständlichkeit, die vielen in der konkreten Umsetzung dennoch nicht leicht fällt. Besonders dann, wenn alte Kränkungen und Enttäuschungen aus dem früheren Berufsfeld emotional noch aktuell sind und einer Weiterentwicklung entgegenstehen, fällt das Loslassen schwer. Ob das auch auf Sie zutrifft, werden Sie merken, wenn Sie auf der Stelle treten, ohne zunächst zu wissen, warum.

Verabschiedung von Vertrautem

Verabschiedung von Vertrautem gehört zum Prozess der beruflichen Neuorientierung genauso wie zu allen anderen Veränderungsprozessen. Daher ist es nicht ungewöhnlich, wenn Sie immer mal wieder (meist in den späteren Phasen) feststellen werden, dass Sie noch mit Erlebnissen aus den früheren Zusammenhängen und den damit zusammenhängenden Gefühlen beschäftigt sind.

Es ist erforderlich, zu Beginn dieser »Reise« bestimmte Voraussetzungen abzuklären. Was dazu gehört, wird in den folgenden Abschnitten dieses Kapitels erläutert.

1.1. GRÜNDE FÜR EINEN NEUANFANG

Wie alles anfängt

Finanzkrisen, weltweite Verunsicherung, Globalisierung, Umstrukturierungen und immer wieder Massenentlassungen bestimmen die Schlagzeilen der Tageszeitungen und das Denken vieler Menschen und schüren die Angst vor Arbeitsplatzverlust – und dennoch gibt es Gründe, aus eigenem Impuls aus Bestehendem auszusteigen, sich auch in solchen risikoreichen Zeiten neu zu orientieren und woanders quer einzusteigen.

In Amerika ist beispielsweise eine berufliche Umorientierung in der Mitte des Berufslebens (mid-career) weit verbreitet. Man spricht ganz selbstverständlich von einer »mid-career-crisis«.

Zum Hintergrund

MID-CAREER-CRISIS – WAS WILL ICH IM LEBEN?

Auch in Europa wurde der Begriff mid-career-crisis bereits 1979 in dem Spezialglossar »Terminology of adult education« erfasst, das vom International Bureau of Education der UNESCO in der Reihe IBEdata herausgegeben wurde. Die englische Definition lautet:

> »midcareer crisis
> Crisis point in the middle years of a person's occupational cycle at which one becomes more aware of the limited time left before retirement and of the speed with which one is attaining one's own goals; may involve readjusting one's goals and hopes of future possibilities, and even career or job shifts or radical changes in lifestyle.«

Der Begriff »midcareer crisis« wird in diesem Glossar nicht nur auf englisch, sondern auch in französisch (midcareer crisis) und spanisch (midcareer crisis) definiert. Das lässt den Schluss zu, dass wir es hier mit einem Phänomen zu tun haben, das länderübergreifend und zumindest für die westliche Kultur typisch ist.

Die mid-carreer-crisis ist also auch hiernach ein normaler Prozess im menschlichen Leben: Nach einigen Jahren Berufstätigkeit wird den meisten bewusst, dass auch die Phase der Berufstätigkeit endlich ist. Und dann wird häufig eine Zwischenbilanz gezogen – wo stehe ich, was habe ich erreicht, was will ich erreichen? Dies kann zu einer Neubestimmung führen. Vielleicht werden die eigenen Ziele den gegebenen Möglichkeiten angepasst oder noch einmal neue Herausforderungen angestrebt. Eine mögliche Folge dieser Bilanz kann jedoch auch darin bestehen, dass Menschen beruflich noch einmal komplett umsteuern und ihren Beruf wechseln. Da der Mensch ein ganzheitliches Wesen ist, können sich Veränderungen in dieser Phase auf alle Lebensbereiche erstrecken.

Überdenken der Lebensplanung

Bei näherer Überlegung erscheint der Wunsch nach einem Wechsel sehr nachvollziehbar. Zu diesem Zeitpunkt haben wir Berufs- und Lebenserfahrung erworben, haben zum Teil gute Positionen erreicht. Nun beginnen viele offensichtlich, ihre Lebensplanung erneut zu überdenken, und dazu gehört selbstverständlich unser Beruf.

Berühmte zweite Karrieren

Eine zweite Karriere zu riskieren hat es als Phänomen schon früher gegeben: Friedrich Arnold Brockhaus (* 1772; † 1823), Herausgeber der späteren Brockhaus-Enzyklopädie, war als Kaufmann tätig, handelte u.a. mit Wollstoffen, bevor er seiner

Leidenschaft für Bücher folgte und eine Buchhandlung sowie ein Verlagshaus gründete. Wassily Kandinsky (* 1866; † 1944) studierte erst Jura, promovierte »Über die Gesetzmäßigkeit der Arbeiterlöhne«, bevor er sich entschied, seiner Neigung, der Malerei, zu folgen. Marlene Dietrich (* 1901; † 1992), wechselte mit Ende vierzig von der Rolle der Schauspielerin in die einer Sängerin. Erinnert sei auch an Beate Uhse (* 1919; † 2001), die zunächst Pilotin war. Aufgrund alliierter Bestimmungen musste die Witwe mit kleinem Kind umsatteln und wurde Unternehmerin in Sachen Aufklärung und später Sexzubehör. Aber nicht nur berühmte Menschen sind beruflich neue Wege gegangen. Nach dem Zweiten Weltkrieg war die zweite Karriere für viele Menschen die Regel.

Verschlechterung der Arbeitsbedingungen

Berufliche Neuorientierung kann in unserer Zeit ein Ergebnis der persönlichen Lebensplanung sein. Forciert wird der Schritt zur zweiten Karriere, wenn sich die Arbeitsbedingungen aus Sicht des Einzelnen deutlich verschlechtern. Häufig genannt werden Arbeitsverdichtung in Verbindung mit Personalabbau (häufig trotz hoher Gewinne der Unternehmen), verknappte Mittel, permanenter Leistungsdruck angesichts der Orientierung an Quartalszahlen und kurzfristiger Geschäftspolitik – qualitativ hochwertig zu arbeiten ist kaum noch möglich, Nachhaltigkeit und Sinn werden vermisst. Eine solche Verschlechterung der Arbeitsbedingungen kann Folgen haben – und zwar sowohl für die psychische als auch für die physische Gesundheit.

Zum Hintergrund

GESUNDHEITLICHE FOLGEN

Der Berufsverband der Psychologen konstatiert in seinem Bericht *Psychische Gesundheit am Arbeitsplatz* von 2008:

> »... einen drastischen Anstieg der psychischen und der Verhaltensstörungen. Sie haben binnen fünf Jahren um 59 % zugenommen. Schätzungen zufolge werden die depressiven Verstimmungen bis zum Jahr 2020 nach den Herzerkrankungen an die zweite Stelle der weltweiten Krankheitsbelastungen rücken. Damit wird deutlich, dass sich das Spektrum der sogenannten Zivilisationserkrankungen weiter verändert. Auch bei Rückenschmerzen lassen sich Zusammenhänge zum arbeitsbedingten Stress finden. Ursachen für diese arbeitsbedingten psychischen Belastungen und Störungen finden sich u.a. in der Unternehmenskultur und im Führungsverhalten.« (S. 5)

Bereits Ende der 90er Jahre vermerkt das Karlsruher Institut für Arbeits- und Sozialhygiene, dass 85 % von sechstausend untersuchten Managern über Stresssymptomatiken wie Schlafstörungen, Reizmagen oder Herzbeschwerden klagen. Schaut man sich heutzutage die große Anzahl der Seminare an, in denen Stressbewältigung gelernt werden soll, so lässt sich daraus folgern, dass sich die Situation nicht unbedingt verbessert hat. Auch die generelle Motivation der Arbeitnehmer leidet zunehmend unter den Arbeitsbedingungen. Eine 2006 durchgeführte Studie der Unternehmensberatung Gallup kommt zu dem Ergebnis, dass die Zahl der Beschäftigten, die sich selbst als »engagiert« bezeichnen, in Deutschland im Gegensatz zu den Vorjahren noch mehr, nämlich auf 13 %, zurückgegangen ist. Die restlichen Beschäftigten aller Ebenen leisten Dienst nach Vorschrift bzw. haben innerlich gekündigt. Auch hier gelten als Hauptursachen: mangelnde Führungskompetenz, wenig Kommunikation seitens der Führungskräfte und wachsende Demotivation bei Mitarbeitern. Die hieraus resultierenden materiellen und immateriellen Kosten sind enorm.

Die Anlässe auszusteigen sind sicherlich unterschiedlich, sie reichen von: »Ich habe für mich alles in meiner Tätigkeit erreicht, ich möchte andere Fähigkeiten von mir ausprobieren« bis zu: »Ich möchte unter diesen Bedingungen nicht mehr arbeiten, und wenn ich schon aussteige – was gibt es sonst noch.«

Elke

Auf Elke H., 41 Jahre (zur Vereinfachung Elke genannt), traf Letzteres zu. Elke ist die Protagonistin, deren Erlebnisse und Erfahrungen Ihnen den Prozess einer beruflichen Neuorientierung veranschaulichen sollen. Sie ist eine Berufskollegin, die ich gut kenne. Wir hatten uns einige Monate nicht gesehen, bevor wir uns vor ein paar Jahren wieder trafen. Sie, die immer gerne gearbeitet hatte, war lustlos und kränkelte. Wie sie erzählte, gab es große Veränderungen auf ihrer Arbeitsstelle. Im Laufe des Gesprächs empfahl ich ihr den Besuch bei einem mir bekannten Coach. Und da hatte ich plötzlich eine Idee: Ich bin selbst Psychotherapeutin und Coach und viele meiner Klienten waren beruflich unzufrieden und fragten sich, ob sie ihre Tätigkeit wirklich weitermachen wollten. Ich begleitete viele Personen bei diesem Prozess und war immer wieder überrascht, wie sehr eine berufliche Veränderung sich auf die gesamte Persönlichkeit auswirkte. Und auch ich selbst kannte diese Situation, hatte ich doch vor einigen Jahren auch meinen Wirkungskreis gewechselt. Durch diese Erfahrungen war über die Jahre mein professionelles Interesse an diesem Themenkomplex immer mehr gewachsen. Ich sagte ihr das, und wir vereinbarten, dass sie mich über das Ergebnis des Besuchs bei diesem Coach informieren würde. Es blieb nicht bei einem Treffen, vielmehr erklärte sie sich im Weiteren bereit, von ihrer Entwicklung zu erzählen. Diese Verabredung erwies sich als sehr konstruktiv, da Elke als Kollegin über eine geschulte Introspektionsfähigkeit (Fähigkeit zur Selbstbeobachtung) verfügte.

Bezogen auf den Prozess waren ihre Erfahrungen, ihre Fortschritte wie Schwierigkeiten an vielen Stellen derartig typisch und generalisierbar, dass sie sich eigneten, als Anschauungsmaterial für eine berufliche Neuorientierung zu dienen. Gerade für einen Ratgeber zu diesem Thema ist es wichtig, einen Gesamtprozess aufzuzeigen. Von Vorteil war die Begleitung durch einen Dritten (den Coach). Dies ermöglichte eine weitere Sicht auf den Verlauf eines solchen Prozesses.

So wird Ihnen Elke also im Laufe Ihrer Lektüre noch einige Male begegnen. Erfahrungen von meinen eigenen Klienten ergänzen bei Bedarf dieses Fallbeispiel.

Elkes Vorgeschichte

ELKE

Ausgestiegen ist sie aus einem Sozialprojekt, das ihr sehr am Herzen lag und das sie konzipiert, aufgebaut und geleitet hatte. Mehr als zehn Jahre hat sie mit Menschen, die sich in einer schwierigen sozialen bzw. psychischen Lage befanden, therapeutisch gearbeitet oder sie beraten. Elke hatte diese Tätigkeit aufgrund der vielfältigen Anforderungen lange Zeit befriedigt. Die Klientel setzte sich aus nahezu allen Schichten zusammen. Bildung und Berufe waren breit gestreut. Öffentlichkeits- und Gremienarbeit sowie die interne Organisation fielen ebenfalls vorwiegend in ihre Zuständigkeit. Das Projekt hatte einen guten Ruf, wurde vom Träger wie von der zuständigen Verwaltung lange Zeit als »modellhaft« bezeichnet. Elke hatte fast freie Hand und offensichtlich die Illusion, dass dieser Freiraum selbstverständlich und von Dauer sei. Ihrer Erziehung entsprechend stellte sie – quasi natürlich – ihr Wissen und Können insbesondere Menschen zur Verfügung, die ins Abseits geraten waren. Aus Überzeugung blieb sie in diesem Projekt über Jahre. Parallel dazu qualifizierte sie sich immer weiter.

Nach und nach, schleichend, wurden die Arbeitsbedingungen immer schlechter. Die Änderung der Finanzierungsart des Pro-

jektes hatte dramatische Folgen für die Arbeit. Finanzierbarkeit wurde zu **dem** *Kriterium. Sie bestimmte die Art der Hilfestellung und die Beratungsdauer. Die fachliche Sicht war nun nachrangig. Elke hielt dieses Herangehen für falsch und kämpfte dagegen an. Obwohl sie sich immer noch durchsetzen konnte, spürte sie die Veränderungen. Ihre Reputation schwand – sie wurde auf einmal zu einem Fossil, einer Fachfrau, die überholten Qualitätsstandards hinterherlief. Hinzu kam: Sie war zu teuer. Psychologenstellen waren nach den neuen Stellenbeschreibungen nicht mehr vorgesehen. Ihr wurde sogar nahegelegt, freiwillig für ein geringeres Gehalt zu arbeiten. Man drohte ihr mit dem Arbeitsgericht. Sie war zwar unkündbar, dennoch kränkte sie diese Umgangsweise schwer. Wirklich gemerkt hat sie das wohl erst, als sie anfing, psychosomatisch zu reagieren.*

Klassische Ausgangslage

Das Auseinanderdriften von Anspruch und Kostendruck macht vielen Mitarbeitern aus den Bereichen Soziales und Gesundheit zu schaffen. Wachsender Konkurrenzdruck und Arbeitsplatzbelastungen finden sich jedoch in allen Branchen. Menschen sind entsprechend gestresst.

Betrachten wir die Ausgangsbedingungen von Elke H.:

- hohe Identifikation mit dem Arbeitsplatz,
- gut ausgebildet,
- hohes Engagement, lange Zeit erfolgreich,
- Illusion von Freiheit und Selbstständigkeit,
- Veränderung der Rahmenbedingungen – Desillusionierung,
- Fremdbestimmung.

Die Verschlechterungen und Einschränkungen führten bei Elke zu Lustlosigkeit bis hin zu psychosomatischen Erscheinungen.

Psychosomatik als Signal

Psychosomatische Erscheinungen können auch für Sie Signale sein, dass Veränderung ansteht. Wenn sich über einen längeren Zeitraum hinweg vorhandene körperliche Symptome verstärken oder neue auftreten, dann lohnt es sich, Fragen wie die folgenden zu stellen:

> **HINWEIS**
> Nehmen Sie sich ausreichend Zeit für die Bearbeitung der Checklisten – Sie gewinnen so weitere Grundlagen für Ihre Entscheidungsfindung.

WAS SAGEN MEINE KÖRPERLICHEN SIGNALE?

Was macht mir Kopfschmerzen, Magenschmerzen etc.?

Was will ich/kann ich nicht mehr hören?

Wovon habe ich die Nase voll?

Wovor ekelt es mich?

Wen oder was verachte ich?

Was juckt mich?

Was macht mich dünnhäutig?

Auf wen oder was reagiere ich allergisch?

Wer oder was sitzt mir im Nacken?

Wer oder was lastet auf meinen Schultern/meinem Rücken?

Wer oder was macht mir Angst?

____

____

Was geht mir an die Nieren?

____

____

Was lässt mir die Galle überlaufen?

____

____

Wer oder was treibt meinen Blutdruck in die Höhe?

____

____

Was macht mir Herzschmerzen oder was lässt mein Herz rasen?

____

____

Wer oder was macht mich ohnmächtig, was macht mich schwindelig?

____

____

____

____

Was will ich nicht sehen, was nicht spüren?

___

___

Wer oder was nimmt mir die Lust?

___

___

Was will ich nicht mehr?

___

___

Vielleicht werden Sie von Ihren eigenen Antworten überrascht sein. Finden Sie heraus, ob in den Symptomen, die Sie bei sich wahrnehmen, innere Botschaften enthalten sind. Durch eigene Beobachtung, wann und unter welchen Umständen Sie eine körperliche Symptomatik verspüren, wie es Ihnen mit bestimmten Vorgesetzten oder Kollegen geht, wie Ihre Stimmung in bestimmten Besprechungssituationen ist, werden Sie das einfach überprüfen können. Wie Sie sehen, ist es ganz einfach, sprachliche Entsprechungen zu finden, die Ihnen eine Idee geben können, welche Bedeutung Ihren Symptomen zukommt.

Erste Idee, sich zu verändern

ELKE

Auch für Elke waren die körperlichen Reaktionen eine Warnung. Sie hatte zu nichts mehr richtig Lust, schlief schlecht und ihr wurde öfters schwindelig. Krank zu werden, psychosomatisch zu reagieren, das war für sie eine neue Erfahrung. Erstmalig tauchte die Idee auf: ***zu gehen.*** *Gleichzeitig entstand die vage Vorstellung, ihr Platz könne auch woanders sein, nicht nur in sozialen Projekten. Sofort meldete sich das schlechte Gewissen, was sie so beschrieb: »Hatte ich ein Recht, meine Klienten zu verlassen? Würde ich anderen recht geben, die schon immer gesagt haben, ich solle an mein Fortkommen denken und meine Zeit und mein Können nicht in sozialen Projekten verschwenden?« Elke wusste nicht, wovon sie dann leben sollte, waren doch alle ihre Ersparnisse im Rahmen der Trennung von ihrem Mann aufgebraucht. Aus ihrer Sicht konnte sie also nicht kündigen. Nur, sie merkte, Lust, so zu arbeiten wie bisher, hatte sie auch nicht. Mehr noch – ihr Körper spielte nicht mehr mit. Ohne große Erwartung machte sie den Termin bei dem empfohlenen Coach aus.*

Abwehr der Veränderungsidee

Die Unzufriedenheit und Desillusionierung kann – wie bei Elke – so groß sein, dass die Idee von Veränderung auftaucht. Doch noch ist in dieser Phase die Vorstellung bei Elke typischerweise so fremd, dass sie mit guten Gründen abgewehrt wird. Aufgrund der psychosomatischen Beschwerden kann der Ist-Zustand jedoch nur schwer auf Dauer aufrechterhalten werden. An diesem Punkt ist es hilfreich, eine Bilanz vorzunehmen.

Schicksal, nimm deinen Lauf!

ELKE

Da saß sie nun in einem Ledersessel und schilderte einem wildfremden Menschen ihre Situation. Präzise Fragen seinerseits sowie eine Bereitschaft zuzuhören – und sie erzählte. Im Blitztempo lag auf einmal alles auf dem Tisch. Für sie aus heiterem Himmel fielen die Worte »Burn-out«. Sie war aufgeschreckt. »Burn-out« war bis jetzt etwas, das nur anderen passieren konnte, doch nicht ihr. Wie Schuppen fiel es ihr von den Augen: Er hatte recht. In diesem

Gespräch erhielt Elke relativ schnell eine andere Sicht der Dinge. Zusammen mit ihrem Coach arbeitete sie mit einem Schema, das deutlich machte: Sie hatte wenig Möglichkeiten, die Umstände ihres Arbeitsfeldes zu ändern, also musste sie die Situation für sich ändern.

Nach diesem einfachen Schema können auch Sie Ihre Überlegungen zu Ihrer Arbeitssituation vorläufig strukturieren. Auf den folgenden Seiten finden Sie weitere Entscheidungshilfen.

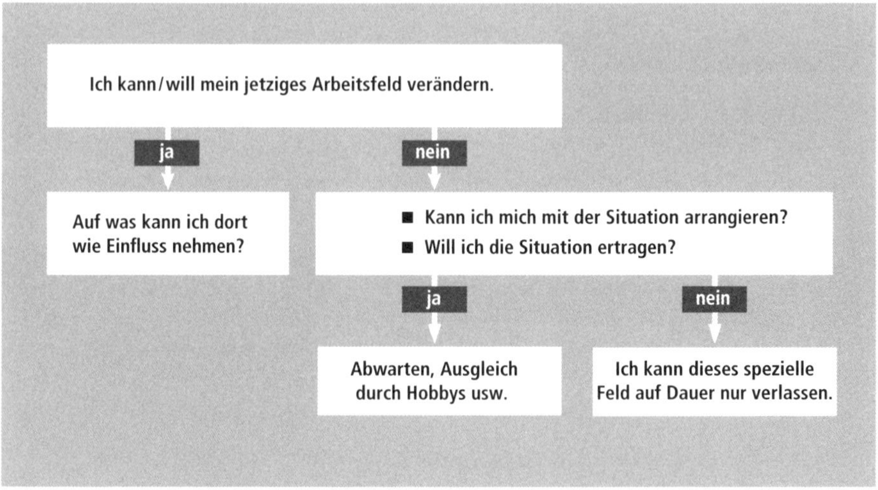

Abb. 2: Schematischer Ablaufplan

3 Handlungsoptionen

Der Ablaufplan verdeutlicht verschiedene Wahlmöglichkeiten. Nach dem Motto »Change it, love it, leave it« stehen drei Handlungsoptionen zur Verfügung. Wenn Sie mit Ihrer beruflichen Situation unzufrieden sind, sollten Sie genau klären, worauf sich diese Unzufriedenheit bezieht (vgl. den Abschnitt zur Entstehung von Unzufriedenheit S. 45 ff.). Dann gilt es, die drei Wege nacheinander zu prüfen. Ich empfehle Ihnen, insbesondere Ihr Augenmerk darauf zu richten, welchen Preis in Form von Zeit, Geld, Gesundheit und Risiko Sie bei den einzelnen Alternativen zahlen. Was auch immer Sie wählen, es hat seinen Preis. Wägen Sie ab, ob für Sie der Preis stimmt. Anhand der folgenden Checkliste können Sie eine erste Einschätzung analog der Abbildung vornehmen.

CHANGE IT, LOVE IT, LEAVE IT

1. Change it:

Kann/will ich meine berufliche Situation so ändern, dass ich (wieder) zufrieden bin?

Was muss ich dafür tun?

Wer kann mir dabei helfen?

Wie hoch sind meine Erfolgschancen?
(Schreiben Sie die erste Prozentzahl auf, die Ihnen einfällt.)

Wie hoch ist der Preis (Nerven, Konfliktpotenzial)/Aufwand (Zeit)?

Was erwarte ich, wird passieren?

Will/kann ich diesen Preis zahlen?

Wenn ja, dann los!
Wenn nicht:

2. Love it

Kann oder muss ich mich mit der Situation arrangieren?

Aus welchem Grund halte ich es für notwendig (finanzielle, familiäre Verhältnisse etc.), mich zu arrangieren?

Welche Kompromisse bin ich bereit einzugehen?

____

____

Wie lange kann ich mich mit der Situation arrangieren? (Solange sie dauert oder ein paar Wochen, Monate, Jahre?)

____

____

Welchen Preis bin ich bereit dafür zu zahlen?

____

____

Gibt es Gründe oder Zeitpunkte, an denen der Preis zu hoch sein wird?

____

____

Wodurch werde ich mir meinen Ausgleich holen? Wichtig: Wenn Sie sich entscheiden, Ihre Berufstätigkeit eine Zeit lang einzig als Job zu begreifen, dann brauchen Sie einen Ausgleich, ganz gleich, ob Sie ein Hobby, einen Sport wählen oder Sie sich im Elternverein bzw. als Vorstand eines Golfclubs engagieren.

____

____

____

____

____

3. Leave it

Wenn Sie feststellen, dass Sie Ihre berufliche Situation weder ändern noch sich damit arrangieren können oder wollen, dann bereiten Sie sich darauf vor, dass Ihnen mittelfristig wohl nichts anderes übrig bleibt, als aus der Situation zu gehen – leave it! Und genau hierfür finden Sie im Folgenden viele Gedanken und Anregungen.

Agent in eigener Sache

Ich möchte an dieser Stelle schon einmal eine weitere Grundidee des Buches einführen. Für welchen der drei Wege Sie sich letztendlich entscheiden, es gibt kein richtig oder falsch, sofern Sie sich wirklich für einen Weg (vielleicht auch nur für begrenzte Zeit) **entscheiden. Ich betone dies so, da selbst zu entscheiden bedeutet, sich als jemand zu begreifen, der handelt.** Aus: »Ich muss mich arrangieren« wird beispielsweise »Ich entscheide mich, meine berufliche Situation zu ertragen, weil es mir wichtig ist, meine Hypothek zu bedienen.« So übernehmen Sie Verantwortung für die Situation, sitzen selbst am Steuer und sind als Agent (lateinisch Handelnder) in eigener Sache unterwegs.

Die Entscheidung

ELKE

Elke wusste nun, dass ihr eigentlich nur eine Möglichkeit blieb. Dennoch konnte sie doch nicht gehen, denn ... Viele »Wenns« und »Abers« schossen ihr ständig durch den Kopf. »Wenn Sie Ihren Phantasien freien Lauf lassen, was würde Ihnen Spaß machen?« – mit dieser und ähnlichen Fragen öffnete der Coach Elkes Blick für neue Möglichkeiten. Die Vorstellung, dass man das finanzielle Problem schon lösen könne, wenn sie sich für einen Ausstieg entscheide, war ihr zwar fremd, wurde ihr jedoch in dem Gespräch mit dem Coach vertrauter. Und wie ein Samenkorn war auch dieser Gedanke gelegt. Sie vereinbarten ein nächstes Treffen.

Elke war plötzlich klar, **so** *würde sie nicht mehr weiterarbeiten, allerdings sah sie noch keinen Weg, dies zu realisieren. Einige Zeit später brachte sie ein Freund auf eine weiterführende Idee. Er, selbst Arbeitgeber, riet ihr, mit ihrem Verband zu verhandeln, schließlich wolle der die Kosten senken und sei offensichtlich an ihrem Weggang interessiert. Ein spannender Gedanke! Sie war nicht mehr bereit, für einen sicheren Arbeitsplatz auf ihre Vorstellungen zu verzichten und stattdessen wider besseres Wissens zu handeln. Sie war sich darüber klar geworden, das hätte nur noch* ***aushalten*** *bedeutet.*

Bilanz ziehen

Wenn Sie im Zweifel sind, was Sie tun sollten, dann ist es hilfreich, eine Bilanz vorzunehmen. Bei Elke fiel sie so aus:

- Fehlende Bereitschaft, ihre fachlichen Ansprüche zurückzuschrauben.
- Nichtbereitschaft zur Rückstufung von Status und Gehalt.
- Anerkennen, dass die Einflussmöglichkeiten gering sind.
- Anerkennen, dass Energieaufwand und Ergebnis in keinem positiven Verhältnis stehen.
- Anerkennen, dass sie für ihre Klienten nur noch bedingt hilfreich ist.

Das Aufstellen dieser Bilanz machte es ihr möglich, sich die Erlaubnis zu geben, zu gehen, ohne sich als »fahnenflüchtig« zu beschuldigen.

Die Aufgabe eines Arbeitsplatzes muss mit den Bildern über die eigene Person übereinstimmen, damit man den Schritt vollziehen kann. Für den einen mag Loyalität, für den anderen mögen Sieg oder Niederlage die bestimmenden Faktoren sein. Um entscheiden zu können, ob Sie bei einer Arbeitsstelle bleiben oder gehen sollten, ist es sinnvoll, sich darüber klar zu werden: Aus welchen Gründen bleibe ich eigentlich?

Aus Verstrickungen lösen

Wir können uns erst dann aus einer Verstrickung lösen, eine unbefriedigende Situation erst dann beenden, wenn wir die Realität anerkennen.

Anerkennen der Realität

Für Elke bedeutete das: Sie musste feststellen, dass der Einfluss auf ihren alten Arbeitsbereich nur noch gering bzw. der Aufwand zu groß war, um die Situation (wenn überhaupt möglich) zu verändern. Bevor sie das wirklich begreifen konnte, musste sie sich mit ihren Vorstellungen und Loyalitäten auseinandersetzen. Vergleichbare Überlegungen stellen sich auch in anderen Berufsfeldern, wie die folgenden Beispiele zeigen.

Loyalitäten in verschiedenen Berufsfeldern

Für einen Ingenieur, der Schwierigkeiten mit dem Führungsstil des neuen Geschäftsführers hatte, lautete in Anlehnung die Frage: »Lasse ich die Firma oder meine Kollegen im Stich?« Eine Verlagsmitarbeiterin überlegte vor ihrem Wechsel: »Ich habe viel Zeit und Engagement für die Entwicklung einer neuen Zeitschrift aufgebracht, soll ich wirklich jetzt den Absprung machen, wo die anderen meine Erfahrung angesichts der anstehenden Veränderungen im Verlag brauchen?« Ebenso geriet der Chemiker, der viel Energie in die Erforschung eines Medikamentes investiert hatte, das er für sehr wichtig hielt, in den Konflikt: »Kann ich, will ich gehen oder warte ich doch noch auf eine Verbesserung des Betriebsklimas?« Häufig sind solche Konflikte auch in der Politik zu beobachten: »Kann ich meine Partei, meinen Abgeordneten, meinen Minister im Stich lassen, auch wenn ich mich zurückgesetzt fühle?«

Weit verbreitet ist das Phänomen, sich die Situation nach dem Motto »Ich habe soviel investiert, es muss demnächst besser werden« schön zu reden. Die Zeit verstreicht – aber es wird nicht besser. Für manch einen ist die Möglichkeit »zu gehen« in seinem System zunächst nicht vorhanden: Denn nur Verlierer gehen vom Platz. Ein solches Denkmuster kann dazu führen, dass auch unterdrückende, ja demütigende Arbeitsbedingungen ausgehalten werden. Hoffnungen, eigene Erwartungen, die enttäuscht werden, Loyalitäten, Verantwortungsgefühle und vieles mehr halten uns in beruflichen Situationen, die unbefriedigend sind. Dies gilt unabhängig von Ausbildung, Tätigkeitsfeld oder Status.

Neue Perspektiven

Zurück zu Elke. Wie Sie bereits verfolgen konnten, öffneten sich allein durch die vertiefte Beschäftigung mit dem Gedanken, die Arbeitsstelle aufzugeben, neue Perspektiven, dies auch in die Tat umzusetzen. Auch aus meiner Praxis kann ich nur unterstreichen, dass die Dynamik immer ähnlich abläuft. Es scheint, dass das Sprichwort »Wo ein Wille ist, da ist auch ein Weg« hier Anwendung finden kann. Anders formuliert, wenn Sie etwas wirklich wollen, werden Sie neue Informationen zulassen und nach Wegen suchen, Ihren Wunsch umzusetzen.

ELKE

In einem Gespräch mit Elkes Vorgesetzten wurde für sie deutlich, dass sich nichts zum Besseren wenden würde. Daraufhin machte Elke einen Termin mit ihrer Anwältin und beauftragte diese, eine bezahlte Freistellung und weitere Modalitäten auszuhandeln. Sie hatte Erfolg und es lief viel einfacher als gedacht.

Von der ersten Coachingsitzung bis zu ihrem endgültigen Ausstieg hat Elke vier Monate gebraucht.

HINWEIS

Viele Firmen senken ihre Kosten und reduzieren ihr Personal. Sollten Sie an eine berufliche Veränderung denken, können Sie sich diese Interessen zunutze machen und mit Ihrem Arbeitgeber selbst oder wie Elke über eine Anwältin in Verhandlung treten. Beachten Sie, dass größere Firmen über verschiedene Finanzierungstöpfe verfügen. Aus steuerlichen Gründen ist es häufig klüger, eine längere bezahlte Freistellung zu erreichen, als eine hohe Abfindung. Ein fester oder flexibler Betrag für eine Weiterbildung, der nach Bedarf abgerufen wird, kann ebenfalls das Ergebnis sein. Überlegen Sie, welchen Mix Sie brauchen.

Sie wissen, wie Ihre Firma/Ihr Unternehmen denkt. Überlegen Sie, welche Argumentationslinie Ihrerseits dazu passt. Zehn Monate bezahlte Freistellung sind keine Seltenheit. In Verbindung mit Abfindungen, Weiterbildungen, Fortzahlungen der betrieblichen Altersvorsorge bis zum Zeitpunkt Y kann dies Ihr »Projekt berufliche Neuorientierung« auf einen soliden finanziellen Hintergrund stellen. Abhängig von Ihrem Vertrag kann ein solches Agreement durchaus für den Arbeitgeber von Vorteil sein.

Zur Entstehung von Unzufriedenheit

Mithilfe von Checkliste 2 haben Sie eine erste Einschätzung Ihrer aktuellen beruflichen Situation vorgenommen. Im Weiteren geht es darum, den individuellen Ursachen Ihrer Unzufriedenheit und den dahinterliegenden Wünschen auf die Spur zu kommen. Unzufriedenheit ist einer der häufigsten Gründe für einen beruflichen Wechsel. Aber welche Faktoren sind bei der Entstehung von Unzufriedenheit zentral? Die Antworten sind individuell. Was für den einen eine Herausforderung ist, kommt bei dem anderen einer Überforderung gleich. Hier helfen einige Fragen, um darüber Klarheit zu gewinnen.

HINWEIS
Nehmen Sie sich für diese Übungen ausreichend Zeit und prüfen Sie in Ruhe.

WAS MACHT MICH UNZUFRIEDEN?

Ist- Analyse – Teil I

Stellen Sie sich vor, Sie werden gebeten, in einer kurzen Präsentation/Rede (ca. fünf Minuten) Ihre jetzige Tätigkeit zu beschreiben. Machen Sie zwei Versionen: a) eine offizielle entsprechend Ihrer Tätigkeitsbeschreibung, b) eine zweite, in der Sie einem (fiktiven) wohlwollenden Freund, Ihre Zuständigkeit, was Sie dort tun und wie es Ihnen damit geht, beschreiben – allerdings schildern Sie diesmal auch die Schwierigkeiten und Probleme. Machen Sie Stichworte:

Version A

____

____

____

Version B

____

____

____

Bitten Sie einen guten Freund, eine gute Freundin Ihrem Vortrag zuzuhören. (Bei Bedarf können Sie diese Übung auch alleine machen. Hilfreich ist es dann, diese Übung z.B mit einem Diktiergerät aufzunehmen, um sich selbst im Anschluss zuzuhören). Nun halten Sie diese Reden nacheinander. Merken Sie einen Unterschied? Welche ist die stimmigere? Welche Gefühle kommen hoch? Stolz? Ärger? Zuversicht? Ablehnung? Scham? Glauben Sie sich selber? Was nimmt Ihr Gegenüber wahr?

Halten Sie diese Erfahrungen schriftlich fest.

____

____

____

____

Nun sagen Sie laut: »Ich will diese Tätigkeit X (genau benennen) die nächsten ____ Jahre (nennen Sie die erste Zahl, die Ihnen einfällt) ausführen.« Dann sagen Sie laut das Gegenteil, also: »Ich will diese Tätigkeit X nicht mehr ____ Jahre machen.«

Was sagt Ihre innere Stimme? Meist gibt es bereits eine innere Antwort. Manchmal hilft es, die Sätze mehrmals gegeneinander abzuwägen. Lassen Sie sie jeweils wirken, spüren Sie, wohin sich die Waage neigt. So gewinnen Sie mehr Gewissheit über Ihre innere Befindlichkeit. Gibt es bereits einen Satz, der sich stimmig anfühlt?

☐ Ja, welcher: ________________________________

Weil: ____________________________________

____

____

____

☐ Nein, ich spüre keinen bzw. nur einen schwachen Unterschied:

___

___

Ist- Analyse – Teil II

Vielleicht sind Sie noch im Zweifel, immer wieder kommt eine Stimme hoch, die beispielsweise sagt: »Ich würde gerne dort weiter arbeiten, wenn ...«

Hier gilt es genau zu untersuchen: Was genau macht mich unzufrieden? Geht es um den Inhalt, d.h., möchte ich in einem anderen Bereich arbeiten, oder geht es um die Art und Weise, wie gearbeitet wird? Vielleicht habe ich Ärger mit den Vorgesetzten oder Kollegen? Vielleicht fehlt mir etwas (z.B. Anerkennung, Sinn) oder es ist mir auch etwas zu viel (z.B. Druck, Kampf)?

Meine Empfehlung, um antwortfähiger zu werden, lautet: Stellen Sie sich vor, Ihre Firma hat beschlossen, sich Unterstützung von außen durch ein Beratungsunternehmen zu holen. Versuchen Sie sich weiter vorzustellen, Sie sind nun die Beraterin, der Berater. Als solche/r erhalten Sie den Auftrag, Verbesserungsvorschläge für Ihren Bereich zu entwickeln. Diese dürfen sich auf Personen, Strukturen und Prozesse erstrecken. Welche Vorschläge fallen Ihnen ein? (Anmerkung: Als Berater können Sie jede Empfehlung geben.)

Welche Verwendung, Entwicklung schlagen Sie – der Berater/die Beraterin – für Herrn/Frau _______ (setzen Sie Ihren Namen ein) vor?

Ich habe folgende Vorschläge zu Verbesserung/Veränderung:

___

___

___

Für Herrn/Frau schlage ich folgende Verwendung/folgende Perspektiven vor:

Erneut: Sprechen Sie die Vorschläge laut aus und achten Sie auf Ihre inneren Reaktionen:

Könnten diese Veränderungen Sie bewegen, mit Engagement bei Ihrem Unternehmen zu bleiben? Wenn ja, gilt es, sich erneut mit den Fragen aus Checkliste 2 zu befassen: Was kann ich dann tun? Was ist der Preis? Kann/will ich ihn zahlen:

Wenn nein, scheint Sie wirklich nicht viel in diesem Unternehmen zu halten. Dennoch kann es sein, dass Sie aus anderen Gründen sich entscheiden, Ihre Tätigkeit dort weiter auszuüben. Auch hier vergleiche Checkliste 2.

DIE BILANZ

Unbehagen im beruflichen Alltag spüren wir immer dann, wenn der individuelle Preis, den wir für unsere Ziele zahlen, als zu hoch erlebt wird. Zentrale Begriffe für eine notwendige Bilanz sind: »gestalten, anpassen und aushalten«. In den meisten Tätigkeitsfeldern sind diese Verhaltenskategorien, diese Dimensionen in unterschiedlichem Ausmaß gefordert. Es gibt ein notwendiges individuelles Gleichgewicht, damit der Einzelne zufrieden ist. Dieses kann zu unterschiedlichen Zeiten, je nach Lebensphase (z.B. abhängig von Familiensituationen) verschieden sein.

Um die eigene Zufriedenheit bzw. Unzufriedenheit zu analysieren, dienen folgende grundlegende Fragestellungen:

- Steht der Aufwand, den ich für die Bewältigung einer Situation, einer Aufgabe erbringe, im richtigen Verhältnis zum Nutzen, zum Resultat?
- Bin ich bereit, den Preis dafür zu zahlen?

Die folgenden Überlegungen helfen Ihnen bei der Analyse Ihrer beruflichen Situation:

- In welchem Ausmaß will und kann ich meine Tätigkeit in dem beruflichen Kontext *gestalten*? Was muss ich dafür an Zeit und Energie einsetzen? Welche emotionalen Kosten fallen an?

- In welchem Ausmaß kann und will ich mich *anpassen*, um in einem Unternehmen zu überleben, zurechtzukommen, Karriere zu machen? Wie weit will und kann ich mich verbiegen?

Wie weit kann und will ich mitmachen? Wie weit kann und will ich neu lernen? Was sind meine emotionalen Kosten?

- Was und wie viel kann und will ich *aushalten*, um meine Stelle nicht zu verlieren, um eine Konfliktsituation zu überstehen, um meine Ziele durchzusetzen? Was sind meine emotionalen Kosten?

Dimensionen im Gleichgewicht

Es gibt kaum jemanden, der nur in einer Dimension agiert. Jeder muss bzw. darf sich mal anpassen, Situationen aushalten oder gestalten. Um sich wohlzufühlen, müssen die Kategorien »gestalten, anpassen und aushalten« in einer für den Einzelnen ausgewogenen Relation austariert sein, die sich je nach Anforderung wieder ändern kann. Die zugrunde liegende Balance ermöglicht es dann, kurzzeitig Einschränkungen in einer der drei Dimensionen hinzunehmen. Neigt sich die Waage dauerhaft zu einer Seite, etwa, weil nur noch Aushalten angesagt, nur noch Powern verlangt wird, dann entsteht ein hoher Stressfaktor. Aus der Betrachtung der individuellen Situation ergibt sich, in welchem Verhältnis die drei genannten Kategorien zueinander stehen.

Übertragen auf Elke bedeutete dies: Die Gestaltungsmöglichkeit wurde immer geringer, der Anpassungsdruck immer stärker, und während sie über viele Monate durchhielt, begab sie sich zunächst unmerklich in die innere Emigration, d. h., sie konnte ihre Waage immer weniger ausbalancieren.

Zufrieden oder unzufrieden

Mithilfe der Kategorien »gestalten, anpassen und aushalten« können Sie Ihre berufliche Situation besser einordnen und feststellen, inwieweit die Gegebenheiten für Sie ausbalanciert sind. Die angeführten Kategorien stehen in Wechselwirkung. Versuchen Sie jetzt nach Beantwortung der oben stehenden Fragen, Ihre berufliche Lage auf den folgenden Skalen einzuschätzen. Dabei sind diese Kategorien durch die in der Tabelle benannten Anforderungen bzw. Pole gekennzeichnet. Seien Sie ehrlich mit sich.

WIE ZUFRIEDEN BIN ICH MIT MEINEM BERUF?

Anforderung	geringe Herausforderung	Überforderung
Gestalten	1	10
Preis	Langeweile	Dauerstress / Zusammenbruch
Anforderung	Opportunismus, sich verbiegen	mitmachen, neu lernen
Anpassen	1	10
Preis	Selbstverleugnung	Selbstaufgabe / Überforderung
Anforderung	ertragen	durchhalten, zäh sein
Aushalten	1	10
Preis	innere Emigration, starr werden	Härte, Panzer

Bei der Betrachtung der Skalen wird deutlich, dass die Pole Extreme kennzeichnen. Für eine Organisation sind die Extreme unproduktiv und für den Betreffenden bedeuten sie physischen oder psychischen Dauerstress.

Individuell sollten Sie für sich herausfinden, in welchem Verhältnis Sie die oben beschriebenen Anforderungen brauchen bzw. welche Rolle die Kategorien »gestalten, anpassen, aushalten« in Ihrem beruflichen Leben bisher gespielt haben. Dabei können Ihnen die Fragen in Checkliste 4 als Anhalt dienen.

HINWEIS
Nehmen Sie sich ausreichend Zeit für die Bearbeitung der Checklisten – Sie gewinnen so weitere Grundlagen für Ihre Entscheidungsfindung.

WIE VIEL BERUFLICHEN FREIRAUM BRAUCHE ICH?

Beantworten Sie die Fragen ausführlich. Veranschaulichen Sie Ihre Selbsteinschätzungen anhand von Beispielen. Vertrauen Sie bei der Beantwortung auf Ihren ersten Impuls!

Welche dieser Anforderungen (gestalten, anpassen, aushalten) liegt mir besonders?

____

____

Wann habe ich mich beruflich gut gefühlt? (Beschreiben Sie diese Situation. Was war anders als jetzt?)

____

____

Wann hat mir meine Tätigkeit richtig Spaß gemacht?
Wie sah das aus?

____

____

Wie viel Herausforderung (auf einer Skala von 1–10) brauche ich?

____

Bevorzuge ich es, »die Sache in die Hand zu nehmen«? Wenn ja, wann war das zum letzten Mal der Fall und wie sah das aus?

____

____

Unter welchen Umständen bin ich bereit, mich auf Neues einzustellen? Wann war das der Fall, wie ging es mir dabei?

____

____

Fällt es mir leicht, anderen zu folgen? Wenn ja, warum?
Wenn nein, warum nicht?

____

____

Kann ich Teamentscheidungen gut mittragen? Wenn ja, warum?
Wenn nein, warum nicht?

____

____

Wie lang verfolge ich eine Idee, eine Sache, von der ich überzeugt bin? (Geben Sie ein Beispiel.)

____

____

Was bedeutet für mich Sicherheit? Woran macht sich Sicherheit für mich fest?

____

____

Wie viel Sicherheit brauche ich? Was muss mindestens gewährleistet sein?

Wie hartnäckig, zäh bin ich? (Geben Sie ein Beispiel.)

In welcher der drei Kategorien sehen andere meine Stärken? Und warum?

Elkes Startvoraussetzungen

ELKE

Elke hatte bezahlte Zeit und eine Abfindung ausgehandelt, um sich beruflich neu zu entwickeln. Ihr Partner unterstützte sie bei der Entscheidung, Freunde fanden den Weggang nachvollziehbar. Mit mir hatte sie eine Kollegin, die den Prozess verabredungsgemäß dokumentierte. Sie hatte einen Coach an der Seite, dem sie vertraute und dem sie abnahm, dass er an ihr Potenzial glaubte. So gestärkt suchte sie sich eine Honorartätigkeit in einer psychotherapeutischen Praxis. Dies war von großem Vorteil. Neben dem finanziellen Aspekt strukturierte dies ihre Zeit. Sie gab regelmäßig einige Therapie- und Supervisionsstunden. Damit war eine offizielle Verortung gegeben. Sie war zwar nicht mehr die Projektleiterin von X, aber sie war immer noch eine Psychotherapeutin, eine Einordnung, die anderen Menschen den Um-

gang erleichterte. Zum damaligen Zeitpunkt war offen, ob sie zwei Jahre später immer noch als Psychotherapeutin arbeiten würde. Sie hatte sich auf eine berufliche Entdeckungsreise begeben. Wie das Ziel aussehen würde, wusste sie nicht.

1.2. RESSOURCEN FÜR EINEN BERUFLICHEN AUSSTIEG

Neuorientierung bedeutet, sich auf ein Abenteuer einzulassen. Wie bei jeder Expedition gilt es, eine Aufstellung über die Vorräte und das notwendige Gepäck zu machen.

Vor der Entscheidung für eine berufliche Neuorientierung sollten Sie eine Bestandsaufnahme machen, um zu überprüfen, welche Ressourcen Sie haben und welche Sie benötigen. Die hier angesprochenen Ressourcen werden auf den folgenden Seiten näher erläutert.

WELCHE RESSOURCEN HABE ICH?

Wie steht es in Bezug auf:

Geld?

____

____

Zeit?

____

____

Angehörige?

Freunde?

Gesundheitszustand?

Professionelle Unterstützung?

Alternative Betätigung/Beschäftigung?

Qualifikationen?

Persönliche Stärken und Fähigkeiten?

Geld Für eine erfolgreiche Neuorientierung ist der Blick auf die eigenen finanziellen Voraussetzungen natürlich unerlässlich. Zunächst sollten Sie sich klar werden, wie viel Geld Sie benötigen, um Ihr Leben in der Zwischenphase monatlich zu finanzieren. Bedenken Sie: Für die anstehenden Schritte brauchen Sie Zeit und sollten daher zumindest nicht ganztags beschäftigt sein müssen.

Verschaffen Sie sich einen realistischen Überblick, wie viel Geld Ihnen zur Verfügung steht bzw. wie viel Sie bereit sind, einzusetzen. Überprüfen Sie, wie viele Wochen, Monate, Jahre Sie ohne weiteres Arbeitseinkommen leben können! Gleichzeit markieren Sie so einen zeitlichen Rahmen für den Übergang:

- Sollten Sie bisher keine Aufstellung über Ihre Kosten und finanziellen Verpflichtungen gemacht haben, so empfehle ich Ihnen, jetzt einen Haushaltsplan aufzustellen. Sie sollten relativ genau wissen, wie viel Geld Sie monatlich benötigen.

- Wenn Sie in einer Partnerschaft leben, klären Sie, ob und unter welchen Bedingungen Ihr Partner bereit ist, hauptverantwortlich für Ihren Lebensunterhalt aufzukommen.

- Vielleicht haben/hatten Sie ein gutes Einkommen und haben Rücklagen gebildet. Beziehen Sie in Ihre Überlegungen mit ein, ob Sie Erspartes oder Ererbtes besitzen, das Sie bereit sind einzusetzen. Gibt es Personen, die Ihnen Geld leihen können?

- Kann mit Ihrem (Noch-)Arbeitgeber eine finanzielle Übereinkunft bezüglich Ihres Ausstiegs getroffen werden?

- Überlegen Sie weiterhin, woher Sie im Ernstfall zusätzlich für einen begrenzten Zeitraum Geld erhalten könnten. Können

Sie eine Honorartätigkeit übernehmen? Sind Sie bereit, zur Überbrückung einen Teilzeitjob anzunehmen?

- Haben Sie z.B. Ansprüche gegenüber der Arbeitsagentur?

- Vergessen Sie nicht, dass Sie ggf. die Ausgabenseite verändern können. Daher: An welchen Stellen können Sie bei Bedarf Ihre Lebenshaltungskosten einschränken?

- Achten Sie auf einen »Notgroschen«, der Ihnen mindestens drei Monate über die Runden hilft.

Zeit

Zu Beginn des Prozesses können Sie noch nicht wirklich planen, wie viel Zeit Sie genau brauchen werden. Wenn sich herausstellt, dass die berufliche Veränderung grundsätzlicher Art ist und Sie noch keine Idee haben, wie Ihre berufliche Zukunft aussehen soll, werden Sie vermutlich mehr Zeit benötigen. Vielleicht gehören Sie zu denjenigen, die bereits wissen, wo Ihr Interesse liegt, aber Sie trauen sich nur noch nicht, dann werden Sie vermutlich schneller den Weg finden. Angesichts der Unterschiedlichkeit der Menschen und ihrer Voraussetzungen ist die Dauer des Prozesses also sehr variabel. Es gibt Menschen, die brauchen einige Monate, andere benötigen bis zu drei Jahre für eine grundlegende Neuorientierung. Zeitliche Grenzen werden u.a. durch die objektive Beschränktheit der finanziellen Mittel gesetzt. Die sind von Person zu Person je nach finanziellem Background verschieden. Dies sollte jedoch kein Hinderungsgrund sein. Wenn Sie etwas wirklich wollen, finden sich erfahrungsgemäß immer Mittel und Wege. Der hier beschriebene Prozess erfordert, dass Sie sich Zeit nehmen und zugestehen. Nach ca. sechs Monaten, dies gilt auch, wenn Sie materiell gut abgesichert sind, sollten Sie eine erste Zwischenbilanz ziehen und feststellen, an welchem Punkt Sie stehen. Es empfiehlt sich, eine solche Überprüfung in regelmäßigen Abständen einzubauen.

Familie/Partner Besprechen Sie mit Ihren Angehörigen diesen Schritt. Sie werden Menschen brauchen, die Sie unterstützen. Überprüfen Sie, ob Ihre Nächsten willens sind, diesen Weg mitzutragen, oder ob sie sich eher heraushalten bzw. Ihrem Vorhaben skeptisch gegenüberstehen.

- Wenn Sie sich in einer festen Partnerschaft befinden, zusammenleben und insbesondere, wenn Sie eine Wirtschaftsgemeinschaft bilden, dann versuchen Sie, feste Absprachen über den potenziellen zeitlichen und ggf. finanziellen Umfang des Prozesses zu treffen.

- Klären Sie ebenfalls, welche Erwartungen und Ängste Ihr(e) Partner(in) hat, welche Hilfestellungen Sie erwarten dürfen und in welcher Form Sie im Gegenzug Ihren Partner unterstützen können.

- Gerade dann, wenn Sie Kinder haben, die von Ihnen abhängig sind, erweist sich die Abklärung von Rahmenbedingungen mit Ihrem Bezugssystem als sinnvoll.

Der Aufwand für solche Gespräche lohnt sich, da Ihre Kraft für den persönlichen Veränderungsprozess gebraucht wird und Sie Ihre Energie nicht verschwenden sollten zur Führung unnötiger Partnerschaftskonflikte, die allein aufgrund unklarer Vereinbarungen entstanden sind. Bedenken Sie, es werden vermutlich Durststrecken kommen, in denen nicht klar ist, wie es weitergeht. Besonders in solchen Situationen ist es wichtig, dass Ihnen der Rücken gestärkt wird.

Freunde Gehen Sie Ihren Freundeskreis durch und überlegen Sie, wen Sie mit einbeziehen können, sei es zur emotionalen Stärkung, sei es zur intellektuellen Begleitung. Bitten Sie diese Personen um Mithilfe, um die Bereitschaft, sie bei Bedarf ansprechen zu können.

Gesundheit

Für Gesundheit gibt es keine Garantie. Dennoch sollen Sie soweit möglich einen gesundheitlichen Check durchführen lassen. Es beruhigt.

Professionelle Hilfe

Es ist jedem einsichtig, dass man auf einer Expedition durch ein fremdes Land einen landeskundigen Führer braucht. Dieser Vergleich ist angesichts der Herausforderung, der man sich stellt, angemessen. Den Ausstieg und die Suche nach Neuem erleben die meisten nach und nach wie eine Reise in ein solch fremdes Land. Obwohl auch Elke vom Fach war und ihr auf den ersten Blick vieles bekannt erschien, wurde es offensichtlich, wie wichtig es für sie war, eine professionelle Begleitung in Anspruch zu nehmen, der sie vertraute. Hier konnte sie bei Bedarf fragen: War sie noch auf dem richtigen Weg? Waren ihre Zweifel normal? Was könnte der nächste Schritt sein? Neue Erfahrungen werden gemacht, scheinbare Selbstverständlichkeiten infrage gestellt. Dabei tut es gut, Orientierung zu erhalten. Das vorliegende Buch kann Ihnen eine solche persönliche Begleitung nicht ersetzen, dennoch enthält es für Viele bereits ausreichende Informationen und Hilfestellungen. Bei Bedarf können Sie immer noch auf weiter gehende Beratung zurückgreifen.

Alternative Betätigung

Sie steigen aus dem normalen Berufsleben aus und sind auf sich zurückgeworfen. Für das eigene Ego wie auch für die Verortung durch andere erweist es sich als vorteilhaft, entweder stundenweise in der alten Betätigung oder an anderer Stelle z. B. auf Honorarbasis zu arbeiten. Wenn dies für Sie nicht interessant ist, dann könnten Sie überlegen, ob Sie sich mit Ihren Fähigkeiten im Rahmen einer Initiative, eines Projektes oder einer Partei einmal wöchentlich einbringen. Menschen, die sich engagieren, sind in ehrenamtlichen Kontexten gerne gesehen. So schaffen Sie sich einen neuen Fixpunkt, etwas, was Sie regelmäßig tun. Für andere sind Sie »Mitglied in ...«. Ein zusätzlicher Vorteil eines solchen Engagements besteht darin, dass Sie vermutlich interessante Menschen kennenlernen werden. Neben neuen Eindrücken können Sie so das fehlende berufliche Umfeld in Teilen ausgleichen.

Qualifikationen

Diesen Punkt habe ich von den sogenannten »Hard Facts« zuletzt aufgeführt. Die meisten, die sich diesem Prozess freiwillig aussetzen, sind vermutlich relativ gut ausgebildet, sodass die anderen Themen zunächst im Vordergrund stehen. Dennoch ist es durchaus sinnvoll, eine Aufstellung sowohl der bescheinigten wie der inoffiziellen Fähigkeiten, Fertigkeiten und Kenntnisse zu machen. Gerade Frauen neigen dazu, ihre Fähigkeiten zu unterschätzen bzw. selbst als unzureichend abzuwerten. Um sicherzugehen, dass Sie in diesem ersten Check nichts vergessen, bitten Sie eine Person Ihres Vertrauens um deren Einschätzung.

Psychische Stärken

Die vorausgegangene Aufzählung bezog sich vorwiegend mehr oder weniger auf Fakten. Weiterhin sollten Sie überlegen: Welche speziellen Erfahrungen bringen Sie für einen solchen Prozess mit? Insbesondere welche Qualitäten haben Ihnen in Ihrem bisherigen Leben geholfen, schwierige und neue Situationen zu bewältigen? Welche Eigenschaft zeichnet Sie diesbezüglich aus?

Lassen Sie Ihre Vergangenheit Revue passieren. Sie werden entdecken, welche Haltungen und Eigenschaften für Sie zentral zur Bewältigung von unbekannten Situationen sind. Das können Optimismus, Kreativität, Zutrauen, Neugier, Mut, Selbstvertrauen, Zähigkeit, Zielstrebigkeit, Hartnäckigkeit, Kommunikationsgeschick u.v.m. sein. Erneut gilt: Sie werden auf unterschiedliche Potenziale zurückgreifen können, nichts dabei ist zunächst als besser oder schlechter einzustufen. Wichtig ist, dass Sie sich Ihre psychischen Ressourcen vergegenwärtigen. Diese gehören genauso wie die harten Fakten zu Ihrer Ausrüstung.

1.3. AUSBLICK: JEDE EXPEDITION BESTEHT AUS TEILZIELEN

Wenn die Unzufriedenheit groß genug ist und die Ressourcenabschätzung einen Ausstieg als machbar ausweist, beginnt mit der Entscheidung, aus dem bisherigen Berufsfeld auszusteigen, der Prozess der aktiven Neuorientierung.

Im Unterschied zur Situation »Ich suche mir einen anderen Job« weiß man zu dieser Zeit noch nicht, wie die nächste Tätigkeit aussehen, wie lange es bis dahin dauern und was am Ende der Strecke sein wird. Deswegen sind Teilziele sehr wichtig. Dazu gehört das Zelebrieren des Ausstiegs genauso wie die Analyse des bisherigen Berufsweges und der damit verbundenen Werte. Ebenso hilfreich ist es herauszufinden, wie Sie Ihren Energiehaushalt erhalten bzw. stärken können. Um Neues aufzunehmen, ist es wichtig, **neu sehen** zu lernen. Die Inhalte und die Art und Weise der Herangehensweise werden sich für jeden von Ihnen unterschiedlich gestalten.

Auch der Umgang mit der Zeit will neu gelernt werden. Die Überprüfung von Überzeugungen über sich und die Welt wird Sie ebenfalls begleiten. Veränderungsprozesse wirken immer verunsichernd, aber Sie werden erfahren: Man kann lernen, damit konstruktiv umzugehen. In der Öffnungsphase, die ich Ihnen im folgenden Kapitel näher erläutere, werden die entscheidenden Voraussetzungen für alles Weitere entdeckt und geschaffen. Sie nimmt daher einen breiten Raum ein. Die scheinbare Aneinanderreihung der Themen beruht darauf, dass es *die* richtige Reihenfolge, *das* Programm für eine berufliche Neuorientierung nicht gibt.

Da es sich um einen persönlichen Entwicklungsprozess handelt, ist der Verlauf individuell. Es hängt von Ihren Bedingungen ab, was wann auftaucht und für Sie wichtig sein wird, zu überprüfen, auszuprobieren, zu bearbeiten und ggf. loszulassen. Selbstverständlich gibt es auch Gemeinsamkeiten, denn es geht um den Prozess einer Selbstveränderung. Das Phasenmodell, auf dem dieses Buch basiert, zeigt den Verlauf einer Selbstveränderung sowohl auf der *Handlungsebene* (was steht an?) als auch auf der *Selbstkonzeptebene* (was kann ich mir für mich vorstellen, was passt zu mir, wer bin ich?).

Zur Veranschaulichung wird uns daher wie angekündigt die Geschichte von Elke – ihr Vorgehen, ihre Irrtümer, ihre Schleifen, aber auch ihre Fortschritte – weiter begleiten. Darauf aufbauend erhalten Sie Empfehlungen, Reflexionen und bewährtes Handwerkszeug zum Umgang mit diesem Prozess.

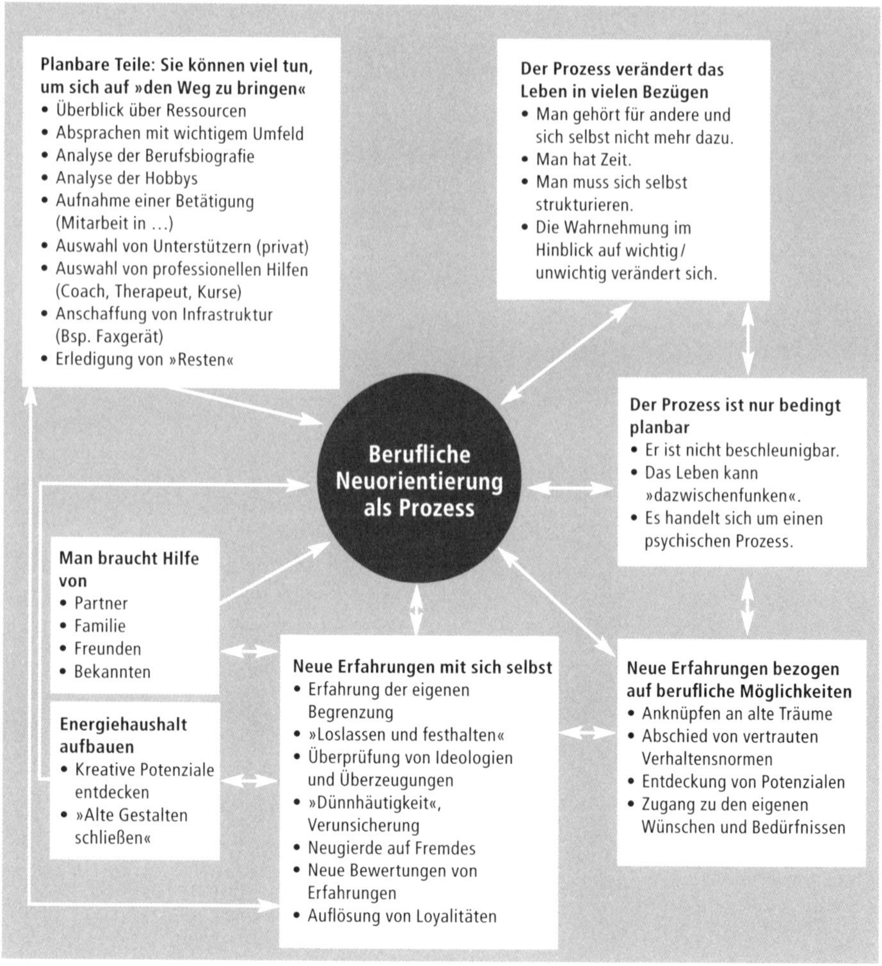

Abb. 3: Berufliche Neuorientierung als Prozess

2. ÖFFNUNGSPHASE

Zäsur

ELKE

15. Februar. Es war so weit – Elkes letzter Arbeitstag. Er verlief gar nicht so, wie sie gehofft hatte. Laut Arbeitgeber hätte sie von einem Tag auf den anderen zu Hause bleiben können. Stattdessen war sie extra zwei Wochen länger zur Arbeit erschienen, um Aufgaben zu beenden und an die Kollegen zu übergeben. Niemand dankte es ihr. Ihre Kollegen waren offensichtlich sauer bzw. enttäuscht, allein gelassen zu werden, und ließen sie das durch Distanz spüren. Eigentlich hatte sie sich vorgenommen, die Kollegen zum Essen einzuladen. Dazu kam es jedoch gar nicht, denn fast alle waren furchtbar beschäftigt. Den Abgang hatte sie sich nun wirklich anders vorgestellt und war entsprechend genervt. Sie war sehr froh, dass sie direkt im Anschluss verabredet war.

Den letzten Arbeitstag bewusst gestalten

Der letzte Arbeitstag in einer Firma, einem Büro, einem Projekt usw. hat für viele Menschen eine besondere Bedeutung. In die Tätigkeit ist viel von der eigenen Person in Form von Engagement, Wissen und Emotionen eingeflossen. Dieser Berufsabschnitt ist nun zu Ende. Entscheidend für die eigene Verarbeitung ist die Art der Beendigung. Dazu gehört auch der besagte letzte Arbeitstag. Wie werden die anderen damit umgehen? Kann ich im Guten gehen oder bleibt ein schlechter Geschmack zurück, der mich weiter beschäftigen wird?

Es kann sich durchaus lohnen, für den Abgang Energie zu verwenden. Die Chance, diesen zu gestalten, haben Sie nur einmal.

Wenn Sie sich dazu in der Lage sehen, überlegen Sie rechtzeitig u.a.:

- Wer sollte von Ihrem Weggang wissen? Was wollen Sie wann, wem gegenüber kommunizieren? In größeren Unternehmen kann es von Wichtigkeit sein, selbst die Initiative zu ergreifen, denn so wird klar, dass Sie selbst die Trennung veranlasst haben. Achtung: Halten Sie sich mit direkten Anschuldigungen oder Klagen zurück!
- Von wem wollen Sie sich persönlich verabschieden?
- Wem wollen Sie danken?
- Gibt es etwas, was Sie unbedingt noch sagen sollten/wollten, sei es einem Einzelnen in Form eines Gespräches, sei es einem größeren Kreis in Form einer Rede?
- Werden Sie einen sogenannten Ausstand machen? Wen wollen Sie dabei haben? Gibt es selbst gebackenen Kuchen? Wird es ein kurzer Imbiss sein oder beauftragen Sie einen Cateringservice mit Champagner und Fingerfood?

Kündigung

Ist der Weggang einvernehmlich (z.B. Pensionierung, Beförderung), dann wird der Ausstand in der Regel freundlich begangen. Anders ist es häufig, wenn das Ausscheiden das Ergebnis von Konflikten ist. Kollegen wie Führungskräfte sind häufig überfordert, mit solchen Situationen adäquat umzugehen. Die betreffenden Mitarbeiter erfahren dieses Verhalten als mangelnde Wertschätzung. Das kann gerade am letzten Arbeitstag treffen. Es ist daher zu empfehlen, selbst die Rahmenbedingungen zu bestimmen.

Beispiel

ES GEHT AUCH ANDERS

Selbst unter angespannten Bedingungen gibt es konstruktive Möglichkeiten, den letzten Arbeitstag zu gestalten.

Hier erinnere ich mich besonders an Herrn B., zum damaligen Zeitpunkt 38 Jahre, Elektroingenieur und Leiter der IT eines mittelständischen Unternehmens. Er verließ das Unternehmen, u.a. wegen des schlechten Betriebsklimas, hervorgerufen durch autoritäres Führungsverhalten des Betriebsleiters. Mitarbeiter wurden angeschrien, entwertet, unter Druck gesetzt. Anerkennung und Respekt waren seitens der obersten Leitung nicht angesagt. Viele gingen mit Widerwillen zur Arbeit. Herr B. veranstaltete zum Abschied ein Fest, beschenkte seine engsten Mitarbeiter, und auch besagter Vorgesetzter erhielt ein Geschenk, was ihn wohl sichtlich irritierte und beschämte. Er sah sich genötigt, dies vor versammelter Mannschaft zu öffnen – es war ein Buch zum Thema »Besser führen«.

Elke war zu so einer souveränen Haltung nicht in der Lage. Sie wollte einfach weg und hatte sich ihrerseits im Vorfeld kaum Gedanken gemacht, *wie* sie gehen wollte. Es war ihr einzig wichtig, sich von ihren Klienten zu verabschieden. Das war es.

Wie auch immer Ihr letzter Tag auf der Arbeit verlaufen sollte, planen Sie auf jeden Fall, was Sie an diesem Abend machen werden. Vielleicht lassen Sie sich von Ihrer Familie oder Freunden von der alten Arbeitsstelle abholen. Die aktive Gestaltung dieses Tages können Sie dazu nutzen, den beruflichen Einschnitt bewusst zu markieren.

Auf einen neuen Lebensabschnitt anstoßen

ELKE

Am Abend ging Elke aus und stieß auf ihr neues Leben an. Sie hat in der folgenden Zeit noch öfters mit Freunden auf den Ausstieg angestoßen und sogar ein kleines Fest gefeiert. Denn schließlich ging eine Zeit zu Ende und etwas Neues sollte beginnen. Für Elke war es wichtig, dieser Tatsache sowohl Dritten als auch sich selbst aktiv eine Form zu geben. Zu dieser Zeit ging sie noch davon aus, dass sie relativ schnell herausfinden würde, was sie beruflich wollte. Sie müsste sich nur neu umsehen.

Die Bedeutung von Riten

Aus dem Beruf auszusteigen ist eine Entscheidung von einiger Tragweite: Es beginnt ein neuer Lebensabschnitt. Diesem Abschied und gleichzeitigen Neuanfang eine Form, einen Ausdruck zu geben ist aus psychologischer Sicht sinnvoll. Eine Möglichkeit besteht darin, ein Ritual zu wählen. Riten, die wir in unserer Gesellschaft viel zu wenig haben, dienen dazu, wichtige Ereignisse für uns selbst und gegenüber anderen kenntlich zu machen und sie so zu verarbeiten.

Überprüfen Sie: Könnte es Ihnen gefallen, Ihren Ausstieg mit einem Fest – groß oder klein – zu begehen? Vielleicht kaufen Sie sich zu besonders wichtigen Ereignissen in der Regel ein schönes Kleidungsstück oder Sie gehen ins Konzert. Dann tun Sie all das in diesem Fall auch. Vielleicht ziehen Sie Ruhe und Besinnlichkeit vor. Vielleicht gehören Sie zu den Menschen, die Stimmung kreativ ausdrücken durch Malen, Klavierspielen etc. Überlegen Sie, in welcher Form Sie den Beginn Ihres Prozesses zelebrieren wollen. Erfinden Sie den für Sie passenden Ritus.

Ein neuer Lebensabschnitt beginnt. Dieser Neubeginn verlangt quasi nach einem Ausdruck, sodass Sie sich auch nach Monaten noch erinnern können: Was habe ich an dem Tag gemacht, mit wem habe ich gefeiert und was hat mir gutgetan?

2.1. KRITISCHE LEBENSEREIGNISSE ALS WACHSTUMS-POTENZIALE

Neuorientierung bedeutet immer, Vertrautes zu verlassen, ohne zu wissen, was am Ende steht. Eine grundlegende berufliche Neu- bzw. Umorientierung definiere ich als sogenanntes *Kritisches Lebensereignis.*

Kritische Lebensereignisse gehören zum Leben

Es gibt keinen Grund, bei dem Wort zu erschrecken. Kritische Lebensereignisse wie Heirat, Trennung, Kinder bekommen, Pension, Tod eines Angehörigen oder der Umzug in eine fremde Stadt, ein fremdes Land kennen Sie vermutlich. Wie Sie selbst sicherlich bereits erlebt haben, bieten solche Umbruchsituationen die Chance, persönlich zu wachsen. Sie geben uns die Möglichkeit, uns auszuprobieren. Wir erfahren uns darüber und spüren unsere Kräfte. So wird unser Handlungsrepertoire erweitert und wir werden angeregt, Gewichtungen neu vorzunehmen.

Nicht verschweigen möchte ich, dass eine berufliche Neuorientierung – wie auch die anderen aufgezählten Lebensereignisse – streckenweise als krisenhaft erlebt werden kann. Das ist in diesem Zusammenhang durchaus normal. Scheinbare Selbstverständlichkeiten und Glaubenssätze werden infrage gestellt. Je nach Persönlichkeit und zusätzlichen Stressfaktoren wirken solche Erfahrungen beunruhigend bis hin zu erschütternd.

Krise stammt aus dem Griechischen *(krinein)* und bedeutet: scheiden, auswählen. Das Chinesische kennt zwei Schriftzeichen für Krise mit den Bedeutungen a) Gefahr und b) Chance. Schon solche sprachlichen Ableitungen weisen darauf hin, dass Krisen nicht per se etwas Schlechtes sind. Um Krisen zu bewältigen, sind wir meist dazu gezwungen, unser Verhalten neu auszurichten. Dazu müssen wir von Altem ablassen, Neues zulassen, es aufnehmen und uns das Gelernte zu eigen machen.

Hierbei handelt es sich um einen schöpferischen Akt, der zur Identitätsbildung notwendig ist. Ich verändere mich, werde in Teilen ein anderer und trete der Umwelt mit meinen neuen Erfahrungen und Möglichkeiten gegenüber.

Bei einer beruflichen Neuorientierung durchleben Sie einen Prozess, in dem Sie viel über sich lernen können und der das Leben in seinen Grundzügen verändern kann. Während dieses Prozesses ist es hilfreich, Unterstützung zu haben und sie anzunehmen. Und: Er ist aufregend.

Für alle diejenigen unter Ihnen, die sich gerne an Bildern orientieren, möchte ich hier die Figur des *Narren* aus den Tarotkarten einführen. Die für eine berufliche Neuorientierung notwendige Haltung entspricht der des Narren. Er steht dafür, dass wir einen neuen Lebensbereich staunend und ohne feste Erwartungen und oft ohne Vorkenntnisse betreten.

Haltung des »Narren«

Im beruflichen Erleben bedeutet diese Karte, dass wir einen neuen Erfahrungsbereich betreten und uns für eine Veränderung öffnen, die uns ins Unbekannte führt. Die damit verbundenen Lebensumstände können destruktiv oder kreativ sein oder auch beides zusammen. Der Narr weist immer auf erfrischende Erfahrungen hin, die zwar chaotische Züge tragen können, aber selbst dann, wenn wir auf die Nase fallen, keine wirkliche Gefahr bedeuten.

Sicherheit ist eine Illusion

Seine tiefere Bedeutung liegt in der Einsicht, dass die Vorstellung von Sicherheit und Erfolg nur auf irreführenden Versprechungen beruht, die uns nie den Schlüssel zu unserer wahren Erfüllung und Zufriedenheit geben können. Wir neigen dazu, Illusionen und Fiktionen, die uns diesbezüglich vorgegaukelt werden, nur zu gerne zu glauben. Sie haben jedoch nicht wirklich Bestand.

Manchmal neigen wir dennoch dazu, uns an vermeintliche Sicherheiten zu klammern. Wenn Sie diese Tendenz bei sich feststellen, dann rufen Sie sich das Bild des Narren ins Gedächtnis. Symbole und bildhafte Vorstellungen können Sie sich als Hilfestellungen nutzbar machen, um beispielsweise neue Haltungen auszuprobieren. Versuchen Sie es einfach mal. Wie würde meine Situation aussehen, wenn ich sie (ausnahmsweise) mit den Augen des Narren betrachten würde?

2.2. ERWEITERUNG DES SEHFELDES

Selektive Wahrnehmung

Wenn man lange in einem Bereich tätig ist, so ist notwendigerweise die eigene Wahrnehmung stark auf dieses Feld und seine Strukturen fokussiert. Unabhängig, wie breit Ihr Interesse gestreut sein mag, so trifft auch auf Sie zu: Ihre Wahrnehmung arbeitet selektiv. Das heißt: Wahrgenommen und behalten wird, was für uns von Bedeutung ist. Die Einordnung des Wahrgenommenen und die daraus folgenden Urteilsbildungen bzw. Verwertungsmöglichkeiten erfolgen wiederum weitgehend kontextabhängig. So wird beispielsweise ein Künstler eine Baulücke anders sehen als ein Stadtplaner oder ein Investor usw.

»Bildausschnitt vergrößern«

Steigt man aus seinem Betätigungsfeld aus und sucht nach neuen Herausforderungen, so gilt es also, Neues im eigenen Blickfeld zuzulassen. Dazu muss man, wiederum bildlich gesprochen, ***zurücktreten, evtl. auch den Kopf wenden.*** Das mag banal klingen, es ist jedoch ganz zentral für den Prozess, denn: Mit der Öffnung, mit der Erweiterung des Sehfeldes fängt alles an. Wie sollen wir unseren Platz finden, wenn wir gar nicht wissen, welche Plätze es überhaupt außer den uns bekannten gibt; wenn wir keine Erfahrung haben, wie es sich dort lebt? Erst wenn wir Neues sehen und Fremdes erkennen, können wir herausfinden, was uns entspricht und was nicht.

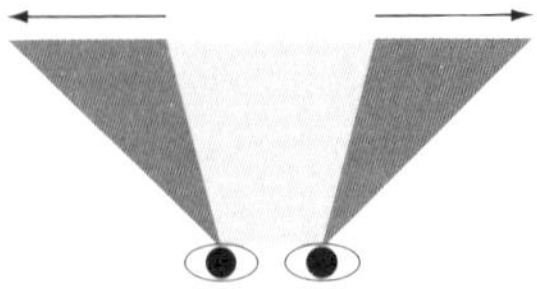

Verbreiterung des Sehfeldes:
Verschiedenes wird das Interesse wecken (eyecatch), bis eine erneute Fokussierung möglich ist.

Das traf auf unsere Protagonistin ebenfalls zu. Ihre Erfahrungen machte Elke an und in der Realität. Nur so konnte sie lernen einzuschätzen, was machbar ist, worauf sie achten sollte und was sie zukünftig wollte.

Elkes erste Monate: Irrungen und Wirrungen

ELKE

Es gab erste bemerkenswerte Veränderungen. Elke musste nun nicht mehr pünktlich aufstehen – sie hatte bis auf einige Therapiestunden ***Zeit.*** *Das war ihr schon ein wenig unheimlich, sie war das nicht gewohnt. Daher überlegte Elke, was sie mit ihrer freien Zeit anfangen könnte. Politisch interessiert richtete sie ihr Augenmerk auf diesen Bereich. Warum sich nicht die Zeit nehmen, ihre Fachkenntnisse aus Psychologie, Soziologie und Stadtplanung in eine politische Diskussion einzubringen? Das hatte sie schließlich auch schon früher im Rahmen von Arbeitsgruppen getan, schreiben lag ihr – und jetzt hatte sie auch noch die zeitliche Möglichkeit. Vielleicht könnte sie ja auch im weitesten Sinn in die Politik einsteigen. Anlässlich einer Diskussion zum Städtebau in den neuen Bundesländern und den sozialen Folgen der Vereinigung schrieb sie einen aus ihrer Sicht sehr differenzierten Brief an den Bundestagspräsidenten und andere Abgeordnete mit diversen guten Vorschlägen. Zu ihrer Enttäuschung erhielt sie freundliche Antworten von den angeschriebenen Politikern – aber: Das war es dann auch. Heute kann sie darüber schmunzeln, damals war sie frustriert.*

Anschlussfähigkeit

Elke hatte die erste Lektion zum Thema »Anschlussfähigkeit« erhalten. Sie hatte die Regeln des Bezugssystems nicht beachtet. Wichtig: Jede Gruppe hat ihre eigenen Spielregeln. Auf den politischen Bereich angewendet bedeutet das: Äußerungen werden wahrgenommen, wenn sie von anderen (relevanten) Interessenvertretern kommen oder aus einer Partei selbst heraus vertreten werden. Elke hatte ihre Rolle verkannt. Sie war nicht länger Sprecherin oder Teil einer relevanten Gruppe.

Vorübergehender Bedeutungsverlust

Für andere, in dem Fall Politiker, war sie nur noch eine Bürgerin, die man nicht wichtig nehmen musste. Elkes Erfahrung ist wiederum typisch. Die veränderte Stellung führt zunächst in vielen Fällen zu einem Bedeutungsverlust. Aus der Sicht anderer hat man keine Ressourcen mehr zu verteilen, ist kein Konkurrent mehr usw. – und ist damit nicht mehr wichtig. Auch das ist völlig normal. Keine Sorge: Sie können davon ausgehen, dass dies in der Regel ein vorübergehender Zustand ist, der mit der faktischen Veränderung einhergeht.

Elke tat gut daran, ihre Energie in eine andere Richtung zu lenken. Sie legte sich, ganz pragmatisch, eine passende Büroausstattung zu.

Anschlussfähigkeit ist ein zentrales Stichwort, dessen Beachtung für Ihren Erfolg zentral ist.

Infrastruktur anschaffen

Zur Anschlussfähigkeit gehört u.a. das Vorhalten einer notwendigen Infrastruktur im Büro. Für viele von Ihnen ist diese Tatsache sicher eine Selbstverständlichkeit. Erfahrungsgemäß ist das für Menschen, die aus Sozial- oder Gesundheitsberufen stammen, und zwar unabhängig von der Position, für ihren bisherigen Kontext nicht so notwendig. Um in der neuen Situation bestehen zu können, ist es jedoch unabdingbar, dass Sie eine eigene Büroausstattung besitzen. Sie müssen mit anderen in Kontakt treten können und erreichbar sein. Dazu gehören beispielsweise:

ansprechende Visitenkarten, ein gut gemachter Briefkopf, Computer, eine E-Mail-Adresse, ein Faxgerät und Scanner. Alles, was man in einem vernünftig ausgestatteten Büro vorfindet, brauchen Sie nun für sich. Sie sind nun eine Ein-Personen-Firma und agieren in eigener Sache – und das sollten Sie professionell tun. Nehmen Sie sich Zeit, um für Sie Passendes auszuwählen bzw. zu entwickeln, denn es geht darum: Wie wollen Sie gesehen werden? Wie treten Sie vorläufig in die Welt?

2.3. UMGANG MIT DER ZEIT UND ZEITSTRUKTURIERUNG

Der Faktor Zeit wird über alle Phasen hinweg immer wieder Thema sein. Die Zeit trägt diesen Prozess (wie viel Zeit habe ich?), ist gleichzeitig Bestandteil (es braucht seine Zeit) und will strukturiert sein (wie teile ich die Zeit ein?).

Den eigenen Weg »(er-)finden«

Die meisten müssen den Umgang mit der Zeit neu lernen. Dabei geht es nicht nur um die Strukturierung der Zeit. Bedenken Sie, es ist vermutlich seit vielen Jahren das erste Mal, dass Sie überhaupt **Zeit haben**. Vielleicht beginnen Sie, sich zu überlegen, was Sie schon immer lernen, besichtigen etc. wollten. Oder Sie lassen sich ziellos treiben. Es gibt viele Wege, um die große oder kleine Welt auf sich wirken zu lassen und Unbekanntes zu entdecken. Manche Menschen fahren zu Beginn des Prozesses in Urlaub, andere reisen um die Welt.

Beispiel

VERSCHIEDENE ANFÄNGE

Frau K, 38, IT-Branche, mietete sich für vier Wochen ein kleines Zimmer in der Provence, sie liebt Frankreich, Einfachheit und naturverbundenes Leben.

Herr L., 36, Politologe, erfüllte sich fürs erste einen Traum. Er lernte zwei Monate lang italienisch kochen in Italien und vervollständigte seine Sprachkenntnisse.
Herr M., 40, Maschinenbauer, nutzte zu Beginn seine Auszeit dazu, Tauch- und Segelscheine in verschiedenen Ländern zu machen.
Frau D., 36, Verlagskauffrau, reiste quer durch Deutschland und machte Station bei ihren Freunden.

Die Beispiele sollen Ihnen als Anregung dienen. Keines ist besser oder schlechter. Erneut gilt: Es gibt nicht *das* Rezept, sondern nur Ihren eigenen Weg, den Sie entdecken und »(er-)finden« werden.

Entspannung und Anspannung

Als Leitlinie ist wichtig: Sie brauchen einen freien Geist, und dazu gehört Entspannung genauso wie Anspannung.

So einfach dieser Satz auch klingen mag, die Umsetzung ist nicht selbstverständlich. Viele Menschen haben im Laufe ihres Berufslebens verlernt, sich zu entspannen. Viele haben doch immer funktioniert. Einige von Ihnen werden über längere Zeit viel Druck ausgesetzt gewesen sein und sind daraufhin abgespannt. Vergegenwärtigen Sie sich: Auch das Herz kann nur nach dem Prinzip »Anspannung versus Entspannung« arbeiten, indem der Muskel sich zusammenzieht und dann wieder öffnet. Nur so kann das Blut fließen. Vielleicht erinnern Sie sich: In Kursen zum Thema »Zeitmanagement« wird in der Regel vermittelt, dass Pausen genauso einzuplanen sind wie Zeit für feste Aufgaben. Gleiches gilt auch jetzt. Gerade aus diesem Grunde bietet es sich für einige an, mit einer Erholungspause zu beginnen.

Für den Umstrukturierungsprozess brauchen Sie auf jeden Fall Zeit. Zeit, die nicht zielgerichtet verplant ist. Wie sonst sollten Sie Neues, Anderes wahrnehmen?

Irritation durch verfügbare Zeit

Wie oft hat mancher sich das schon gewünscht: Plötzlich haben wir Zeit zur Verfügung. Diese Freiheit kann, wie schon erwähnt, zuerst sehr irritierend für den Einzelnen sein, denn er wird auf sich zurückgeworfen. Elke vermied dies zunächst. Sie schaffte sich einen »vollen Stundenplan«. So hatte sie zunächst keine Zeit, diese Irritation zu spüren.

Erste Gehversuche

ELKE

Elke glaubte damals, sie müsse nur noch das Richtige dazulernen, dann würde sich die berufliche Alternative schon auftun. Nur was war das Richtige? Sollte sie noch einmal studieren? Noch eine Weiterbildung machen? Sie wusste es nicht. Doch konnte sie die Zeit nicht einfach verstreichen lassen. Nichts zu tun erschien ihr unmöglich, dazu war sie viel zu unruhig. Sie brauchte einen Wochenplan. Auf der Suche nach den Inhalten für diesen Plan stieß sie auf die sogenannten »Career Centers«, die mittlerweile den meisten Universitäten und Fachhochschulen angeschlossen sind.

Möglichkeit: Career Center

Die Angebote der Career Centers richten sich an Menschen, die gerade ihr Studium abschließen bzw. bereits abgeschlossen haben. Weiterhin sind viele Universitäten seit einigen Jahren dazu übergegangen, freie Plätze in Weiterbildungen, die sich an die eigenen Mitarbeiter richten, gegen Entgelt zu öffnen. Beides sind Möglichkeiten, gute bis hochwertige Weiterbildungen kostengünstig zu belegen. Ein weiterer Vorteil ist die Überschaubarkeit der Kurse. Die Zeitdauer reicht von wenigen Tagen bis zu einem Semester, sodass man sich nicht langfristig festlegen muss. Um einen ersten Einblick zu bekommen, worum es ja vor allem zu diesem Zeitpunkt geht, ist dies durchaus ausreichend.

ELKE

Die Inhalte waren Elke fürs Erste gar nicht so wichtig, sie würde sich ganz einfach nach dem Angebot richten. Sie entschied sich schließlich für die Humboldt-Universität, in Berlin Mitte gelegen, die sie im Gegensatz zu den beiden anderen Universitäten Berlins nicht kannte. Sie hatte sich zusätzlich einen Anlass geschaffen, die alte Stadtmitte Berlins zu erkunden. An diesem Auswahlprozess wurde deutlich, dass sie eine Ahnung hatte, dass sie sich auf Unbekanntes einlassen müsste. Noch wusste sie jedoch nicht wie.

In dieser Zeit belegte sie mehrere Kurse: Betriebswirtschaft, Personalentwicklung, Rhetorik, Bewerbungstraining, Computer, Projektmanagement. Kurz und gut, sie hatte einen vollen Stundenplan, befasste sich mit teilweise neuen Inhalten und erhielt viele Leistungsnachweise.

Rückgriff auf bekannte Muster

Elke startete ihren Neubeginn mit eingeübten Verhaltensmustern. In ihrem Fall hieß das – Lernen. Psychologisch gesehen versuchte sie die Aufgabe durch »Mehr des Gleichen« zu lösen. Auf den ersten Blick hatte sie Erfolg: Sie lernte Neues dazu, frischte Altes auf. Dennoch erkannte Sie, dass das, was sie im Career Center lernte, sie nicht wirklich weiterbrachte.

Um einem Missverständnis vorzubeugen: Die anstehende Aufgabe – Ihre Neuorientierung – können Sie nur bedingt durch mehr Wissen lösen. Die Art des Herangehens ist wiederum abhängig von Ihren individuellen Bedingungen. So kann es durchaus für einige sinnvoll sein, zunächst nach Lust und Laune, quasi auf Vorrat, zu lernen. Insbesondere trifft dies zu, wenn es darum geht, das Lernen wieder zu lernen. Dennoch empfehle ich Ihnen, ehrlich zu überprüfen, ob Sie nicht, wie Elke, ein vertrautes Muster wiederholen.

Lernen ist nur ein Beispiel für das Phänomen »Mehr des Gleichen«. Überlegen Sie: Wie reagieren Sie normalerweise auf neue Situationen? Können Sie ein spezifisches Muster erkennen? Selbst wenn Sie ein Muster bei sich erkennen, bedeutet das nicht zwangsläufig, dass Sie bereits willens und in der Lage sind, dieses abzulegen. Erst das Ausprobieren, die Erfahrung von Versuch und Irrtum, kann überzeugen.

Erkennen eigener Muster

Angesichts neuer Herausforderungen greifen Individuen zunächst auf vorhandene Muster, Reaktionsweisen usw. zurück, um diese zu bewältigen. Erst wenn sich herausstellt, dass das alte Verhalten nicht greift, werden neue Bewältigungsstrategien erprobt.

ELKE *Elke blieb ihrem Muster weiterhin treu. Seit ihrer Schulzeit hatte sie kontinuierlich weitergelernt. Sie hatte die Vorstellung, dass es auch in ihrer jetzigen Lebensphase einzig darum ging, das Richtige zu lernen. Folgerichtig bat sie ihren Coach, ihr zu sagen, was sie nun noch lernen könnte bzw. sollte. Aufgrund ihrer beschränkten Zeitvorstellung sollte die Fortbildung nicht länger als ein Jahr dauern. Diesmal jedoch sollte es eine richtig anspruchsvolle Ausbildung sein.*

Mit dieser zeitlichen Begrenzung setzte sich Elke unter einen Zeitdruck, der eigentlich unnötig war, denn alle Weiterbildungen, die sie interessierten, waren berufsbegleitend.

Elke war damals nicht wirklich bewusst, dass sie sich auf einen Prozess eingelassen hatte. Nicht nur, dass er dauerte, mehr noch, sie hatte noch nicht begriffen, dass sie den Verlauf nicht primär kognitiv und rational bestimmen konnte. Sie musste nach und nach einsehen: Sie konnte zwar eine Menge tun, sie konnte den

Prozess jedoch nicht beliebig beschleunigen. Bevor sie ihr Ziel erreichte, waren noch einige Aufgaben, einige typische Blockaden zu bewältigen. Ihr Rhythmus bestimmte das Tempo.

Noch mehr Lernen – mehr des Gleichen

ELKE *Entsprechend Elkes Bitte legte der Coach ihr mehrere Programme vor. Sie entschied sich für eine Weiterbildung, die sich vorwiegend an Organisationsberater und -entwickler sowie Personalberater richtete. Der Anspruch des Ansatzes, Kommunikation in Organisationen zu verbessern und die Ressourcen des Einzelnen kreativ zugunsten des Gesamten zu nutzen, sprach Elke an. Gleiches galt für das Konzept der Weiterbildung. Sie entnahm dem Programm, dass es auf den gleichen Werten basierte wie ihre anderen Ausbildungen und damit humanistischen Prinzipien verpflichtet war. Elkes Vermutungen bestätigten sich weiter. Die Inhalte knüpften an ihre vorhandenen Kenntnisse an. Vieles, was sie aus therapeutischen Zusammenhängen kannte, fand in angepasster Form für Organisationen Anwendung.*

Elke lernte in dieser Weiterbildung viel, doch anders als sie gedacht hatte. Sie machte die Erfahrung, dass der Verhaltenscode von Menschen unterschiedlich ist, selbst wenn sie in ähnlichen Feldern tätig sind und aus gleichen oder nahen Grundberufen stammen.

Verhaltenscode beachten

Die Wichtigkeit von Anschlussfähigkeit wird erneut deutlich. Auch bei gleichen Grundberufen beachten Sie: Was darf man fragen? Wie wird miteinander umgegangen? Wie drückt sich Status aus? Wie funktionieren die jeweiligen Netzwerke? Vieles, was in Ihrer alten Tätigkeit ganz üblich war, kann plötzlich nicht mehr gelten.

ELKE *Elke hatte ihre Welt mitgenommen und verhielt sich nach ihren Selbstverständlichkeiten. Beispielsweise stellte sie die aus ihrer Sicht ganz harmlose Frage an einen Berufskollegen: »Was bekommst du für das Projekt X als Tagessatz?« Elke hatte damit unwissend gegen einen Code verstoßen. Es war geradezu ungehörig, nach dem Einkommen zu fragen. Das wusste sie nicht.*

Die Frage, was erlaubt ist und was nicht, stellt sich in jedem Berufsfeld. Für Menschen, die sich andere Berufsfelder anschauen, gibt es viele Möglichkeiten, sich zu irren. Daher widme ich diesem Phänomen einen besonderen Abschnitt unter der Überschrift »Ähnlichkeiten können täuschen.«

2.4. BESONDERHEITEN BEI VERLUST DES ARBEITSPLATZES

Kündigung als Chance

Bevor wir dem Prozess weiter folgen, wende ich mich an diejenigen Leser, die gekündigt worden sind und nun zu neuen Ufern aufbrechen möchten. Durch die Zäsur »Kündigung« entsteht eine Chance, noch einmal neu nachzudenken, was man in seinem (Arbeits-)Leben erreichen will und was einem wichtig ist. Eine Auszeit nach jahrelangem, oft ununterbrochenem Schaffen kann auch guttun.

Selbst wenn jemand sich nach einer Kündigung beruflich neu orientieren will, so heißt das nicht, dass die Erlebnisse am früheren Arbeitsplatz allein durch den Weggang erledigt sind. Eine nicht einverständliche Kündigung wird von den meisten Menschen als kränkend erlebt. (Analoges trifft auch auf Mobbingopfer zu, die oft notgedrungen selbst kündigen.)

Umgang mit Kränkungen

Wenn Sie von einer solchen Kündigung betroffen sind, dann sollten Sie nicht unterschätzen, dass Enttäuschungen und Kränkungen nach einer Kündigung oft besonders groß sein können. Es kann gut sein, dass Sie die Gefühle zunächst gar nicht spüren. Vielleicht bemerken Sie Haltungen an sich wie: Verweigerungen, Trotz, »Denen zeig' ich es«-Einstellung oder das Gegenteil, nämlich Resignation. Vielleicht sind Sie auch einfach gekränkt. Solche Gefühle sind nur zu verständlich. In vielen Fällen ist nicht fair mit Menschen, evtl. auch mit Ihnen, umgegangen worden. Loyalitäten, Arbeitseinsatz und emotionales Engagement sind nicht belohnt worden. Die Wut und Traurigkeit, die bei vielen aus diesem Grund vorhanden sind, brauchen Platz. Sie haben ein Recht auf diese Emotionen, und sie sind da, egal ob Sie diese Gefühle haben wollen oder nicht. Erfahrungsgemäß können Menschen sich erst wieder mit viel Einsatz in die Zukunft orientieren, wenn vorhandene negative Gefühle geäußert und sich selbst zugestanden werden. Überprüfen Sie, ob Sie beim Durchlesen mit einem inneren »Ja« geantwortet haben.

Reden Sie mit anderen über Ihre Empfindungen. Holen Sie sich bei Bedarf professionelle Unterstützung. Es geht um einen Prozess der Reinigung, der Psychohygiene, und den sollten Sie so schnell wie möglich angehen, damit Sie Ihre Kraft in die Zukunft richten können. Erneut gehört dazu ein Abschied von Vertrautem. Wenn die Ausführungen bei Ihnen keine innere Resonanz ausgelöst haben, dann legen Sie diese als geprüft einfach beiseite. Für Sie ist Kränkung dauerhaft oder zurzeit kein Thema.

Unrealistische Fremd- und Selbstanforderungen

Der im Folgenden beschriebene Ansatz steht im Gegensatz zu der vielfach in der Gesellschaft vertretenen These, Menschen müssen nur flexibel sein und wollen, dann können sie sich neuen beruflichen Herausforderungen stellen und diese bewältigen. Wie Sie mittlerweile wissen, stimmt das nicht so einfach. Viele überfordern sich, indem sie versuchen, diesem Anspruch gerecht zu werden, einem Anspruch, der die individuellen Voraussetzungen und Möglichkeiten tendenziell außer acht lässt. Viele scheitern, nicht weil sie nicht wollen, sondern weil sie nicht können. Daher im Folgenden einige weiter gehende Anmerkungen dazu.

ANFORDERUNGEN VERSUS EIGENE MÖGLICHKEITEN

Exkurs

An dieser Stelle folgen zunächst einige Anmerkungen zu der Situation von Menschen, die arbeitslos sind, denn auch sie müssen sich in der Regel neu orientieren. Häufig werden ihre Kränkungen übergangen, ihre Verunsicherung weggeredet: »Da müssen Sie denn mal ...«. Anstelle Ihnen Verständnis für ihre schwierige Situation entgegenzubringen, werden viele Anforderungen gestellt: Initiative, Flexibilität, Kreativität, unkonventionelles oder konventionelles Verhalten je nach Bedarf, die notwendigen Soft Skills sollten auch vorhanden sein. Manche können diese Ansprüche nicht einlösen, wenn ihnen nicht die für sie passenden Unterstützungen angeboten werden, diese Fähigkeiten zu erlernen.

Die geforderten Verhaltensweisen erfordern hohe psychische Voraussetzungen. Neben Selbstvertrauen muss ein Mensch in der Lage sein, bei Bedarf quer zu Regeln zu denken und zu handeln. Das sind jedoch Potenziale, die selbst bei Menschen mit guter Ausbildung nicht automatisch selbstverständlich sind. Die meisten Menschen können solche Fähigkeiten bis zu einem gewissen Maße (abhängig von den persönlichen Voraussetzungen) erlernen. Das hier gemeinte Wissen und Können kann man nicht aus einem Schulbuch erlernen, noch in kurzen Trainingseinheiten im Stil eines Programms vermitteln. Vielmehr handelt es sich hierbei um Fähigkeiten, die sich über persönliches Erfahrungslernen und nicht kognitiv im Sinne eines zu vermittelnden Stoffes erschließen.

Erst wenn der Betreffende selbst erlebt, dass er in der Lage ist, seine Kreativität zu entwickeln, wenn er die Gelegenheit erhält, neue Verhaltensweisen ohne Druck auszuprobieren, dann können solche Fähigkeiten entdeckt und Teil der Persönlichkeit werden. Ein solches Lernen hat einen emanzipatorischen Charakter.

Gerade wenn es darum geht, sich selbstständig zu machen, kann die Kluft zwischen den (eigenen und fremden) Ansprüchen und den gegebenen Möglichkeiten zu groß werden. Viele Menschen wählen als neue Perspektive den Weg in die Selbstständigkeit. Manche unter dem Druck der Verhältnisse, nach dem Motto: »Lieber selbstständig als arbeitslos«, manche weil sie Lust darauf haben. Um einen Gründungszuschuss durch die Arbeitsagentur zu erhalten, muss mittlerweile die Geschäftsidee durch eine fachkundige Stelle (Industrie- und Handelskammer, Berufsverbände, Steuerberater u. a.) begutachtet werden, wofür auch ein mehr oder weniger qualifizierter Businessplan verlangt wird/werden kann. Es gibt durchaus Hilfestellungen zur Existenzgründung, so kann man etwa viele tools und Anregungen auf Nachfrage erhalten bzw. nachlesen (vgl. z. B. Gründerportal des Bundesministeriums für Wirtschaft und Technologie). So wird zwar auch auf die Wichtigkeit der persönlichen Eignung zur Selbstständigkeit hingewiesen – dennoch werden viele in diesem Prozess weitgehend allein gelassen. Dass allein der Beschluss, sich selbstständig zu machen, aus einem Menschen noch lange keinen Selbstständigen macht – das wird nicht vermittelt. Noch weniger, dass hier ein persönlicher Lernprozess geleistet werden muss. Hierfür gibt es kaum Angebote.

Wenn spezielle Unterstützung, diesbezügliche Schulungen und Einzelbegleitung nicht gegeben werden, dann besteht etwa die Gefahr, dass Versuche, sich mithilfe eines Gründungszuschusses selbstständig zu machen, die emotionalen Möglichkeiten von so manch einem überfordern.

Die Folgen: Scheitern und Insolvenzen werden weiterhin auf der Tagesordnung stehen, weil sich die Betreffenden zwar mit Markt, Kunden, Krediten u.a. auseinandersetzen, aber als Person mehr Zeit brauchen, in die neue Rolle hineinzuwachsen. Schon der Begriff »Unternehmerpersönlichkeit« legt nahe, dass für eine selbstständige Berufsausübung notwendige persönliche Voraussetzungen angenommen werden. Sicher, es gibt klassische Unternehmertypen, die ganz schnell ihre Rolle finden. Doch auch manch ein gut ausgebildeter, ja erfahrener Manager hatte schon seine Schwierigkeit, als Unternehmer zu agieren. Neben sogenannten fachlichen Qualifikationen und Hilfestellungen müssen Menschen abgeholt und mitgenommen werden, wenn große berufliche Umorientierungen angestrebt werden. So können aus Anforderungen (eigenen und fremden) wirklich eigene Möglichkeiten und Potenziale entwickelt werden. Die Transferleistung stellt die Grundlage dar, um elementare berufliche Umstellungen erfolgreich zu bestehen. Vergleichbares gilt für viele andere neue berufliche Perspektiven.

Zurück zu Elke, sie war auf dem Weg zu neuen Ufern. Ihrer Strategie »Mehr lernen« folgend, hatte sie sich bereits mit mehreren neuen Themen beschäftigt sowie eine Weiterbildung in einem anderen Feld begonnen. Das ist natürlich nur ein Beispiel für mögliche Aktivitäten in der Öffnungsphase. Im weiteren Verlauf erfahren Sie, was Sie selbst Weiteres tun können und wie eine Neuorientierung aufgebaut werden kann. Eventuell auftretende Schwierigkeiten und mögliche Fallen auf diesem Weg werden aufgezeigt und dazu Lösungen angeboten.

2.5. BISHERIGER BERUFSVERLAUF – SUCHE NACH DER INNEREN LOGIK

Bestandsaufnahme

Zur Neuorientierung gehört eine Bestandsaufnahme: Von wo aus starte ich? Um dies zu ermitteln, betrachten Sie Ihre bisherige berufliche Entwicklung. Beispielhafte Fragen sind:

WAS REIZT MICH AN MEINER TÄTIGKEIT (HAT MICH GEREIZT)?

Habe ich mir meinen Beruf ausgesucht oder ihn eher »anderen zuliebe« gewählt? (Schildern Sie die damalige Situation)

____

____

____

____

Was hat mich an meinem Beruf gereizt?

____

____

Was hätte ich lieber getan?

____

____

____

Was sprach dagegen?

____

____

Was macht mir an meinem jetzigen Beruf Spaß?

____

____

____

Wann habe ich das letzte Mal bei der Arbeit Spaß gehabt?

____

____

Was habe ich genau dabei getan? (Beschreibung)

____

____

____

Woran habe ich meinen Spaß wahrgenommen?

____

____

____

Welchen Beruf haben/hatten meine Eltern und andere wichtige Verwandte?

____

____

Waren sie damit wirklich zufrieden? Wenn nicht, warum?

Was wären sie gerne geworden?

Arbeite ich lieber alleine oder im Team?

Warum?

Was wollte ich (früher) in meinem Beruf erreichen bzw. bewegen?

Habe ich alles erreicht? Wenn nicht, was hat mich gehindert oder davon abgebracht?

Unter welchen Bedingungen kann ich meine Leistung optimal entfalten?

___

___

Gibt es für mich zentrale Werte, die meine beruflichen Entscheidungen bestimmt haben? Welche?

___

___

___

Wie wichtig ist es mir, dass ich eine sinnvolle Tätigkeit ausübe?

___

___

___

Falls es wichtig ist: Unter welchen Bedingungen würde ich sagen »Meine Arbeit ist sinnvoll«?

___

___

Innere Logik des beruflichen Werdegangs

Aus der Betrachtung der Vergangenheit werden Sie vermutlich eine innere Logik Ihres Werdegangs entdecken: War das zentrale Bedürfnis für Ihre Berufswahl, Ihre Reiselust zu befriedigen oder Ihr Sicherheitsbedürfnis? Bestimmten die Kategorien »sich messen«, »sich beweisen« Ihr Handeln? Waren Sie besonders gut, wenn viel Konkurrenz oder viel Risiko Ihre Arbeit beeinflussten? Waren Sie besonders erfolgreich, wenn klare Strukturen vorgegeben waren, oder brauchten Sie viel Freiraum?

Ihre bisherige berufliche Entwicklung wurde vermutlich durch Leitideen geprägt. Leitideen können Erfolg, Geld, Selbstverwirklichung, Werte u. Ä. sein. Sie können sich einen Überblick verschaffen, indem Sie die folgenden Fragen beantworten.

Berufsbiographie als Ausgangspunkt

Wir haben alle innere Beweggründe, die unser Berufsleben begleiten. Welche Antriebe haben Ihr berufliches Leben bisher bestimmt?

WELCHER INNERE ANTRIEB BESTIMMT MEIN BERUFLICHES TUN?

Bin ich der Experte? Wie äußert sich das?

Bin ich der Macher? Wie äußert sich das?

Steht die Verpflichtung zu einer Idee für mich im Mittelpunkt? Welche Idee ist das? Worin äußert sich die Verpflichtung? Was sollen andere über mich denken?

Reizt mich die Vorstellung, dass alle meinen Namen kennen? Wie sollte das geschehen? Was möchte ich über mich zum Ausdruck bringen?

Ist Sicherheit für mich ein entscheidendes Kriterium? Was heißt das konkret für mein Berufsleben?

Ist mir der Ausgleich zwischen Privatleben und Beruf besonders wichtig? Wie ist die Gewichtung? Auf was bin ich bereit zu verzichten?

Brauche ich Unabhängigkeit und Entscheidungsfreiheit? Woran merke ich dieses Bedürfnis? In welchem Rahmen fühle ich mich wohl? Wie viel Unabhängigkeit brauche ich?

Was ist für mich Erfolg? Wann habe ich zuletzt Erfolg verspürt? Wie sah das ganz konkret aus?

In welcher Währung drückt sich Erfolg für mich aus: Geld, soziale Anerkennung (von wem?), Privilegien, Status (welche genau)? Wann fühlen Sie sich adäquat belohnt? Beschreiben Sie diese Situationen genau!

____

____

Motive und Werte als Leitlinie der Karriere

Um Ihren beruflichen Weg weiterzuverfolgen, erweist es sich als hilfreich, Rechenschaft über die eigenen Antriebe und Grundorientierungen abzulegen. »Was ist und was war mir in meinem Berufsleben wichtig?«, lautet die eine Frage. Die andere: »Gibt es Veränderungen der Wertigkeiten in Hinblick auf Geld, Status, Zeit, Einfluss, Engagement?« Beantworten Sie diese Fragen schriftlich, wobei Ihnen erneut die Checkliste als Anleitung dienen soll. Versuchen Sie, sich an frühere Begebenheiten zu erinnern und diese so genau wie möglich zu beschreiben. Vielleicht suchen Sie sich zusätzlich einen Gesprächspartner, der Sie gut einschätzen kann, um herauszufinden, welche Ihre zentralen Grundorientierungen sind.

Karriereanker

Wenn Sie sich noch ausführlicher mit Ihrer Berufsbiografie auseinandersetzen wollen, dann empfehle ich den Fragebogen »Karriereanker« von Edgar H. Schein (vgl. Literaturempfehlung S. 257). Mithilfe dieses Instruments können Sie ermitteln, welche der angenommenen acht Grundorientierungen, Anker genannt, bisher Ihr berufliches Leben bestimmt haben. Ausgangspunkt für diesen Fragebogen ist die Erkenntnis, dass Menschen (nach einigen Berufsjahren) in der Regel innere Orientierungen ausbilden, die sie in ihren beruflichen Handlungen und Interessen bestimmen. Da ist etwa der Experte oder Manager, da sind diejenigen, die Sicherheit suchen, und die anderen, für die Unabhängigkeit der zentrale Faktor ist. Grundlage ist ein Gespräch mit einer Person Ihres Vertrauens. Abhängig von Ihrem Lebensalter und der Anzahl wichtiger Lebensereignisse kann es zwischen drei und neun Stunden (auch länger) dauern. Wenn Sie am Ende das Gespräch entsprechend der Anleitung auswerten, werden Sie erkennen, welche Orientierungen und Beweggründe Ihr Handeln bestimmen. Das Ergebnis kann durchaus im Unterschied zu Ihren eigenen Bildern über sich stehen. Das Gespräch löst erfahrungsgemäß einen inneren Prozess aus, da Sie Ihren gesamten beruflichen Weg (auch in Verbindung mit dem privaten) Revue passieren lassen. In diesem Zusammenhang erfahren Berufswahl, Entscheidungen, Hoffnungen, ergriffene und verpasste Chancen oft eine erneute Bewertung. So ist es auch Elke ergangen.

Manches war anders, als Elke glaubte

ELKE

Bei der Betrachtung ihrer Berufsbiografie stellte sich erwartungsgemäß heraus, dass die Werte »Gerechtigkeit« sowie »sozialer Ausgleich« Antriebe für ihren Berufsweg gewesen waren. Es war nur folgerichtig, dass sie sich für ein professionelles Engagement im sozialen Bereich entschieden hatte.

Das war aber nur ein Teil der Wahrheit. Die Befassung mit der Berufsbiografie machte weiterhin deutlich, dass sie berufliche Situationen gesucht hatte, in denen sie sehr viel Freiheit besaß. Sie brauchte ebenfalls die Möglichkeit, zu gestalten und eigenverantwortlich zu handeln. Unabhängigkeit als zentrales Motiv für ihr berufliches Handeln war Elke neu, sie wusste damit nicht so recht etwas anzufangen. Offensichtlich hatte Elke es geschafft, nicht nur die ihr bewussten Antriebe (Soziales Engagement und Gerechtigkeit) zu leben, sondern auch ihre unbewussten (Gestalten, Unabhängigkeit). War sie einerseits froh, dass die Befragung nicht allein das ihr Bekannte ergeben hatte, zweifelte sie jedoch noch, ob sie den sozialen Bereich wirklich hinter sich lassen durfte und ob ihre früheren Entscheidungen falsch gewesen waren.

Elkes Beispiel veranschaulicht, wie die persönlichen Motive unbewusst das berufliche Drehbuch bestimmen. Ihr war nicht bewusst, wie zentral der Faktor Unabhängigkeit für sie war. Nach ihren Beschreibungen hatte sie über viele Jahre hinweg keine Einschränkungen ihrer Gestaltungsmöglichkeiten erfahren. Als dies nicht mehr der Fall war, hatte sie ihre Festanstellung aufgegeben. Als Basis für ihr weiteres Vorgehen nahm sie eine Neubewertung ihrer Prioritäten vor. Die Rangfolge hatte sich geändert, auch wenn sie die neue Erkenntnis noch nicht in ihr Leben integrieren konnte

HINWEIS

Mit der Ermittlung der inneren Antriebe und Haltungen, die Ihr berufliches Leben bisher bestimmt haben, sind Sie ein wichtiges Stück weiter. Sie haben jetzt einen Überblick gewonnen, welche Werte, Ziele, Befürchtungen u.a. für Sie bisher handlungsanleitend waren. Sie können in der Regel davon ausgehen, dass es sich nicht um zufällige Aspekte, sondern um die Motivationen handelt, die Sie auszeichnen. Daher werden diese vermutlich für Sie weiter zentral sein. Es handelt sich um Ihre Kriterien für Ihr Berufsleben. Die Rangfolge kann sich im Laufe der Zeit verschieben, sodass ein Wert (z. B. Unabhängigkeit, gesellschaftlich relevante Arbeit) in der jetzigen Situation eine neue Bedeutung bekommt.

Spezifizierung der Kriterien

Wenn Sie nun herausgefunden haben, was Sie bewegt, dann können Sie die folgenden Fragen konkreter beantworten:

- Was will ich in meiner Arbeit verwirklicht sehen?
- Wann bin ich erfolgreich?
- Was will ich aus meiner Arbeit für mich herausziehen?
- Welchen Stellenwert hat Arbeit für mich?

Damit haben Sie die Kriterien, die in einer neuen Karriere für Sie von Bedeutung sind, spezifiziert. Sie haben sich einen weiteren Baustein für Ihre berufliche Neuorientierung erarbeitet, der vermutlich noch eine weitere Bearbeitung erfährt.

Wie bereits erwähnt, finden die einzelnen Arbeits- und Erfahrungsschritte, die ich hier hintereinander anführe, teilweise parallel statt. Dabei begegnen Sie vermutlich den gleichen Themen (Ihren Werten, Regeln, Mustern, Ängsten usw.) in unterschiedlichen Kontexten und auch in mehreren Phasen. Wenn dies so ist, so können Sie davon ausgehen, dass es sich um für Sie individuell bedeutsame Bereiche handelt. Dies ist kein Grund zur Ungeduld. Es ist wie bei einer Spirale: Wir kommen bis zur gleichen Linie, nur auf einer anderen (meist höheren) Ebene.

Zur Öffnungsphase gehört natürlich wiederholtes Brainstorming. Sie sollten das von Anfang an ganz bewusst organisieren.

2.6. BRAINSTORMING

Notizbuch

Es ist von Nutzen, sich ein Notizbuch anzuschaffen, in das Sie alle Überlegungen (Gefühle, Vorfälle, Beobachtungen) eintragen. Damit deutlich wird, dass dieses Aufschreiben etwas Neues und Besonderes ist, schaffen Sie sich ein Buch an, das Sie gerne anfassen, das sie gerne anschauen. Ob Sie nun den Einband selbst entwerfen, wie eine Klientin von mir, oder ob Sie nur ein Heft aussuchen: Wichtig ist, es sollte Ihnen gefallen, denn es wird Ihr ständiger Begleiter sein.

Fähigkeiten

Beginnen Sie damit, Ihre Fähigkeiten aufzuschreiben. Erweitern Sie Ihre bisherige Liste, indem Sie überprüfen: Was wollten Sie schon immer ausprobieren und haben sich vielleicht bis jetzt nicht getraut? Welche Fähigkeiten liegen zusätzlich in Ihren Hobbys?

Hier einige Beispiele: In der Leitung eines Sportvereins kann man Erfahrung in Organisation, Motivation, Networking, Pressearbeit, Sponsoring etc. gewinnen. Vielleicht liegt Ihnen die Arbeit mit Menschen, vielleicht liegt Ihre Zukunft in der Umsetzung einer Idee, eines Geschäfts. Sind Ihre Hobbys eher künstlerisch, so haben Sie vielleicht einen Sinn für Proportionen und Ästhetik entwickelt: Sie schauen genau hin und können vom Konkreten abstrahieren und Unterschiedliches kreativ verbinden. Dies könnte bedeuten, dass Ihre Talente insbesondere im Gestalten zu finden sind. Vielleicht sprechen Sie mehrere Sprachen, interessieren sich für andere Kulturen oder kochen gerne. Eine Tätigkeit, die auch international orientiert ist, könnte in Betracht kommen. Vielleicht liegen Ihre Fähigkeiten auch darin, verschiedene Generationen oder auch Menschen aus verschiedenen Kulturräumen zusammenzuführen. Die Anzahl der Möglichkeiten ist nahezu unbegrenzt. Daher machen Sie sich die Mühe, genau aufzuschreiben, was Sie machen und welche Qualitäten Sie quasi nebenbei entwickelt haben. In fast jedem Hobby werden Talente gefördert und Wissen erweitert. Es lohnt sich, dort nachzuschauen, denn es sind Gebiete, die Sie sich ausgesucht haben und die Ihnen in der Regel Spaß machen. Listen von Fertigkeiten können dabei helfen (zu finden z.B. in dem amerikanischen Bestseller »Durchstarten zum Traumjob« von Bolles oder in den Veröffentlichungen von Hesse/Schrader, vgl. Literaturempfehlung S. 257).

Erfahrungen genau auswerten

In Ihrer früheren Berufstätigkeit haben Sie viele Erfahrungen gemacht. Daher nutzen Sie diesen reichen Schatz. Was hat Sie besonders interessiert? Was hat Ihnen Spaß gemacht? Damit nichts übersehen wird, rate ich Ihnen, die einzelnen Erlebnisse oder Fertigkeiten aufzuschreiben, und zwar möglichst detailliert. Oft macht die Nuance einen Unterschied: »Ich habe X gerne gemacht« im Gegensatz zu: »Ich habe X *mit anderen* gerne gemacht«.

Alte Zukunftsträume

Nicht vergessen sollten Sie Ihre alten Zukunftsträume: Was hat Sie als Jugendlicher, was hat Sie während Ihres Studiums, Ihrer

Berufsausbildung interessiert? Welche Zukunft haben Sie sich damals ausgemalt? Welche Phantasien haben Sie beflügelt? Gerade in unseren frühen Überlegungen und Wünschen liegen häufig Hinweise über Motivationen verborgen. Solche und ähnliche Überlegungen sind sehr wichtig, damit Sie für Ihren Prozess Stoff bekommen.

HINWEIS
Zu diesem Zeitpunkt geht es darum, dass Sie Ihre Ideen und Potenziale ungefiltert aufschreiben. Ihre Gedanken werden angeregt zu spielen, sodass neue Zusammenhänge in der Phantasie entstehen können. Es geht noch nicht um die Umsetzung.

Fremdwahrnehmung

Ein Brainstorming beschränkt sich nicht zwangsläufig auf die Ideen, die Sie haben oder entwickeln. Sie können Menschen, die Ihnen wichtig sind, einbeziehen. Suchen Sie sich aus Ihrem Bekannten- und Freundeskreis zwei bis drei Personen aus, die Sie bitten, Ihnen zu sagen, was ihnen zu Ihrer Person einfällt. Sind Sie gemäß der Fremdwahrnehmung jemand, zu dem Antiquitäten passen, jemand, der gut verkaufen oder gut ordnen kann? Haben Bekannte und Freunde spontane Berufsideen zu Ihnen?

Träume aufschreiben

Wenn Sie sich an Ihre Träume erinnern, schreiben Sie diese nieder. Sie können wichtiges Material enthalten, das sich Ihnen evtl. erst Monate später bei einer erneuten Durchsicht Ihrer Niederschrift erschließt. Entwicklungen, Impulse können sich in Form von Träumen artikulieren. Ich erinnere mich an eine Klientin, die plötzlich in verschiedenen Sprachen träumte und feststellte, dass sie ihre Sprachkompetenzen, die mit ihrem bisherigen Beruf nichts zu tun hatten, weiterverfolgen sollte.

Neugier und Interesse

Achten Sie bei Gesprächen, wenn Sie Artikel lesen, durch die Stadt spazieren, bei allem, was Sie tun, darauf, ob Sie neugierig werden, wo Ihr Interesse länger wach bleibt, denn dort steckt erfahrungsgemäß Ihre Energie. Interesse (lat.: »dazwischen sein«) ist Ausdruck eines Antriebs, eines Bedürfnisses. Manchmal wissen wir zunächst gar nicht, woher unser Interesse kommt, wir spüren nur, dass wir mit Energie bei der Sache sind. Sie äußert sich u.a. in Aufregung, Begeisterung, Neugier, manchmal auch heftiger Abwehr. Das Ausmaß Ihrer Energie ist also ein wichtiger Indikator. Damit haben Sie eine Art Wegweiser, den Sie nutzen können. Immer dann, wenn ein Thema Ihre Energie verstärkt auf sich zieht, handelt es sich um ein Gebiet, das für Ihre berufliche Entwicklung relevant sein könnte.

HINWEIS

Alle genannten Anregungen haben ein Ziel: Sammeln Sie Stoff, damit Sie Unterschiede beobachten und Unterscheidungen machen können. Sie lassen nun viele neue und ungewohnte Dinge, Gedanken auf sich wirken. Von einigen fühlen Sie sich kurz- oder langfristig angezogen, andere werden Sie direkt oder nach Ablauf von einiger Zeit beiseite lassen. Zentrales Auswahlkriterium dafür ist zunächst Ihr Interesse.

Das Buch – Ihr Buch, in dem Sie all dies aufschreiben – sollte während des gesamten Prozesses Ihr Begleiter sein.

Neuorientierungsprozess als Spirale

Sie werden vermutlich viele verschiedene Ideen und mögliche Konkretisierungen aufschreiben, manche davon ausprobieren und auch wieder verwerfen, weil Sie herausfinden: »Es ist doch nicht das Richtige.« Es kann jedoch vorkommen, dass Sie nach ca. einem halben Jahr eine bereits verworfene Idee wieder aufgreifen. Erst zu dem späteren Zeitpunkt sind Sie in der Lage, einen Wunsch, eine Idee aufzugreifen, die Ihnen vielleicht zu Beginn als unmöglich oder als absurd erschien. Erneut kann hier das Bild der Spirale herangezogen werden, um diesen Prozess zu veranschaulichen. Zu unterschiedlichen Zeiten sehen wir uns mit Themen konfrontiert, die für uns bedeutsam sind. Die Themen selbst bleiben gleich, nur dadurch, dass wir unseren Weg weitergehen, können wir uns zu den Themen neu verhalten. In dem Modell der Spirale befinden wir uns auf einer anderen Ebene. Übrigens: Die in der Abbildung eingesetzten Themen sind Beispiele. Fügen Sie Ihre eigenen ein.

Abb. 4: Neuorientierungsprozess als Spirale

Alte Muster wirken fort

Einige Themen beschäftigen uns meist in den einzelnen Phasen immer wieder neu. Manche davon wirken dann als Blockaden. Wiederholungen weisen darauf hin, dass das jeweilige Thema für den Einzelnen relevant ist. Um einen konstruktiven Umgang damit zu finden, sollten wir uns daher damit befassen. Es handelt sich z.B. um: die Angst, etwas zu verpassen, alte Kränkungen, Wut, Ungeduld, »es recht machen zu wollen« sowie um familiäre Aufträge und Regeln. Die Gefühle bzw. die damit verbundenen Verhaltensweisen sind uns jeweils so vertraut oder treten so »automatisiert« auf, dass es meist eine Weile dauert, bevor wir uns von ihnen verabschieden können. Es besteht dennoch kein Grund, die Geduld zu verlieren. Die Spirale symbolisiert, dass wir immer wieder neue Teilaspekte der gleichen Themen in den unterschiedlichen Phasen bearbeiten (müssen).

Diese alten behindernden Muster beeinflussen so lange unsere eigenen Entscheidungen, bis wir von ihnen lassen können. Sie verlieren an Bedeutung. Dies erst gibt uns die Freiheit der Wahl. Wir erreichen die nächste Phase.

Erstes Anforderungsprofil

Prioritäten zum jetzigen Zeitpunkt

Tragen Sie alle Ideen, die Sie zum jetzigen Zeitpunkt zu einer neuen Tätigkeit bzw. Position haben, zusammen. Notieren Sie in Ihrem Buch, auf welche Interessen Sie auf keinen Fall in einem neuen Berufsfeld verzichten wollen.

Beispielsweise können:

- Auslandsaufenthalte,
- zeitliche Begrenzung einer Aufgabe,
- Team- oder Führungsaufgaben,
- eigenständiges Arbeiten,
- Gehaltsvorstellungen,
- ____________________________

für Sie wesentliche Gesichtspunkte für Ihre spätere Wahl sein.

Welche Konditionen brauchen Sie aus jetziger Sicht? Vielleicht können Sie schon benennen, was Ihnen jetzt sonst noch bei einem neuen Job wichtig ist. Nach und nach sollten Sie dazu übergehen, die einzelnen Aspekte zusammenzuschreiben und ein Anforderungsprofil an eine neue Tätigkeit zu entwickeln. Unter der Überschrift **»Welche Anforderungen stelle ich an meine Tätigkeit?«** haben Sie nun Ihre Wünsche und Rahmenbedingungen schriftlich vor sich.

Doch gehen Sie davon aus, dass es erfahrungsgemäß nicht bei diesem ersten Versuch, eine Projektion in die Zukunft vorzunehmen, bleibt. Sie haben damit eine Bestandsaufnahme Ihrer Erwartungen und Wünsche zu einem Zeitpunkt X gemacht, nicht mehr und nicht weniger. Elke beispielsweise konnte nur benennen, was sie *nicht* mehr wollte.

»Nur der erste Versuch«

Eventuell ändern Sie Ihre Prioritäten (z. B. mehr Freiheit, dafür mehr Risiko) im Laufe des Prozesses. Neuorientierung bedeutet, dass Sie immer wieder bisher Unbekanntes und Fremdes daraufhin überprüfen werden, ob es zu Ihnen passen könnte. Wird dies bejaht, bedarf es in der Regel immer noch vieler innerer Auseinandersetzungen, bevor etwas Fremdes als Eigenes integriert werden kann.

Ich will das an einigen Beispielen erläutern: Angenommen, bis jetzt haben Sie eine Karriere gemacht, die durch Titel und Status gekennzeichnet war. Nun entdecken Sie auf einmal Ihre künstlerische Seite. Können Sie sich vorstellen, jemand zu sein, der auf die gewohnte Anerkennung zunächst einmal verzichtet, wie z. B. der ehemalige Oberst, der später eine Tischlerlehre absolvierte und mittlerweile als Restaurateur tätig ist? Für andere wiederum ist es fremd, sich vorzustellen, noch einmal Student zu sein. Die Vorstellung, selbstständig tätig zu sein, ist für einen Menschen, der immer abhängig beschäftigt war, mindestens genauso befremdend wie für einen Selbstständigen die Perspektive, sich anstellen zu lassen.

HINWEIS

Zurück bleibt ein kognitiver Eindruck

In/nach Veränderungsprozessen machen wir u. a. folgende Erfahrungen: Bevor wir eine Veränderung durchmachen, können wir uns nicht wirklich vorstellen, uns dahin zu entwickeln. Wir wissen nicht, wie es ist, verändert zu sein, sich neu zu verhalten, anderes zu können.

Nachdem wir das Neue integriert haben, können wir uns nicht vorstellen, dass es vorher einmal anders war. Oft geht das so weit, dass wir kein Einfühlungsvermögen mehr entwickeln können, wie es vorher gewesen ist und wie schwer wir uns getan haben, dahin zu kommen. Es bleibt oft bloß eine kognitive Erinnerung zurück: Wir wissen, dass es wohl so gewesen sein muss. Das ist ein wesentliches Merkmal von Transformationsprozessen. Wenn wir etwas können, fällt es uns schwer zu verstehen, dass andere es nicht können. Die Fähigkeiten stehen uns ganz selbstverständlich zur Verfügung. Es ist doch alles ganz einfach, oder?

2.7. HINDERNISSE AUF DEM WEG

Ziel des Veränderungsprozesses ist es, sich auf dem Hintergrund der alten Erfahrungen neu in die Zukunft entwerfen zu können. Das geht jedoch nur, wenn man sich von Altem und Vertrautem verabschiedet. Einem neuen Entwurf stehen vor allem unsere Delegationen und Introjekte entgegen, denn sie melden sich als innere Stimmen.

Zum Hintergrund

INTROJEKTION UND DELEGATION

Als **Introjektion** bezeichnet man einen innerpsychischen Vorgang. Er bedeutet, dass sich jemand Erlebnis- oder Verhaltensweisen eines anderen zu eigen macht.

Demnach werden insbesondere Vorstellungen und Regeln der Eltern entsprechend der tiefenpsychologisch orientierten Theorie in das Über-Ich übernommen und, obwohl fremd, als eigen begriffen. Im Sinne anderer psychologischer Theorien kann man sagen:

Fremde Anteile (Überzeugungen, Haltungen usw.) wichtiger Bezugspersonen oder für den Einzelnen bedeutende Gruppen werden der eigenen Person oder Persönlichkeit als zugehörig zugeordnet. Die daraus resultierenden handlungsanleitenden Regeln nennt man Introjekte.

Der Begriff **Delegation** wird sowohl in der tiefenpsychologisch orientierten Theorie wie auch in der systemischen Familientherapie verwendet. Das dahinterstehende Konzept besagt, dass die vorangegangenen Generationen Wünsche, Befindlichkeiten sowie nicht befriedigend gelöste Konflikte als Vermächtnis in Form von Aufträgen (Delegationen) und Zuschreibungen an die nachfolgenden Generationen weitergeben. Auftretende Probleme werden vor dem Hintergrund dieser generationenübergreifenden Perspektive betrachtet.

Manchmal haben wir bei einer Neuorientierung das Gefühl, nicht voranzukommen, oder wir denken: »Es hat doch alles keinen Zweck.« Wir sind blockiert. In der Regel steht ein neuer Schritt an, der mit unseren bisherigen Erfahrungen oder Überzeugungen kollidiert. Erst wenn wir überhaupt wahrnehmen, was uns hindert, haben wir die Möglichkeit, darauf Einfluss zu nehmen. Wieso das so ist, wird im Weiteren Thema sein.

Von Blockaden und Fallen

Die innere Stimme

Folgende Erfahrung haben Sie sicherlich auch schon gemacht: In passenden und unpassenden Situationen meldet sich eine innere Stimme, die Dinge sagt wie:

- »Jeder an seinem Platz.« (Die Gesellschaft ist fest)
- »Ein echter X zeigt keine Schwäche.« (Du musst stark sein)

- »Schuster bleib bei deinen Leisten.« (Du darfst nicht hoch hinauf)
- »Denk an deine Sicherheit.« (Riskiere nichts)
- »Künstler sind alle Spinner.« (Kreative Berufe sind unsolide)
- »Man muss sich immer auf Neues einrichten.« (Man muss immer flexibel sein)
- »Du bist nie gut genug.« (Du wirst scheitern, andere sind immer besser)
- »Du sollst es auf jeden Fall besser haben.« (Du musst mehr aus dir machen als wir)
- »Geld stinkt nicht.« (Die Währung Geld ist höher als die der Moral)

Jeder von Ihnen wird seine eigenen Merksätze haben. Sie sind unabhängig von Bildung und Status. Solche Sätze haben wir als Regeln verinnerlicht. Die wenigsten sind davon unsere eigenen, wir haben sie zumeist in unseren Familien gelernt – und (teilweise zwangsweise) geschluckt. Bekannt ist die Erziehungsregel »Jungen weinen nicht«. Damit wird eine sinnvolle körperliche Reaktion auf Verletzungen und Kränkungen sanktioniert.

Introjekte

Introjekte bestimmen unser Verhalten stark, häufig ohne dass es uns in den jeweiligen Situationen bewusst ist. Wir glauben vielmehr, wir vertreten unsere Meinung, unsere Überzeugung. Die gelernten Bilder über die Welt und was »man tut« haben wir häufig nie überprüft, sondern unreflektiert als gegeben hingenommen. Einige Leitsätze gehören vielleicht sogar zentral zum eigenen Selbstverständnis, wir begreifen sie als Teil unserer Persönlichkeit. Häufig habe ich erlebt, dass Klienten irritiert reagieren, wenn ich etwas für sie Selbstverständliches hinterfrage: »Aber das macht man doch so« oder »Das ist doch klar«, so oder ähnlich lauten die erstaunten bis empörten Reaktionen. Sicherlich fallen Ihnen entsprechende Erlebnisse aus Ihrem eigenen Leben ein.

Delegationen

Vergleichbares gilt für Delegationen: Der einzelne Mensch ist Teil seiner Familie, ihrer Traditionen, Mythen und Hoffnungen, unabhängig davon, ob die betreffenden Mitglieder noch leben bzw. der Kontakt gut oder schlecht ist. Zu den Delegationen können insbesondere »erfolgreich sein« oder »scheitern« gehören. Manch einer musste erfolgreicher werden als andere aus seiner Familie, nach dem Motto: »Du sollst dich nie so abhängig fühlen wie ich.« Manch ein anderer darf nicht erfolgreicher sein als beispielsweise sein Vater, der seine Träume, warum auch immer, nicht umsetzen konnte. Wenn der Sohn dann erfolgreicher als sein Vater wäre, würde dies die Lebensleistung, ja im Einzelfall das ganze Leben des Vaters infrage stellen. Der Sohn wäre ein lebender Beweis für andere Möglichkeiten und für einen anderen Lebensentwurf. Diese geschilderte Konstellation kommt häufiger vor, als Sie vielleicht denken. Es gibt viele Menschen, die unter ihren Möglichkeiten bleiben. In zahlreichen Fällen hängt das ursächlich mit solchen Botschaften zusammen. Damit eine solche Botschaft wie geschildert wirkt, muss sie nicht ausgesprochen sein. Es reicht, wenn sie implizit existiert. Sie wirkt meist sogar noch dann, wenn die Bedingungen sich längst geändert haben, z.B. der Vater gar nicht mehr lebt.

Delegationen in Unternehmerfamilien

Deutlich werden die Wirkmechanismen, wenn wir uns Angehörigen von Familienunternehmen zuwenden, sie unterliegen meist diversen Aufträgen. Bereits bei der Geburt werden Kinder dazu bestimmt, das Unternehmen weiterzuführen, oft werden schon die späteren Rollen festgezurrt. Vielleicht erinnern Sie sich. In der beliebten Fernsehserie Dallas konnten wir die Bedeutung von Delegationen über Jahre hinweg verfolgen. Der Filmfiesling J. R. Ewing, ein Mann in den besten Jahren, ist ständig beschäftigt, die impliziten Erwartungen seines Vaters zu erfüllen und dessen vermeintliche Kämpfe zu führen. Sein Bruder Bobby hingegen ist die Verkörperung des Guten. Sicherlich, es handelt sich um eine Schwarz-Weiß-Zeichnung, aber an diesem Beispiel wird das Prinzip von Delegationen und Introjekten gut erkennbar.

In einigen Unternehmerfamilien ist praktisch schon beschlossen, was die Aufgabe der Kinder als Erwachsene sein wird, obwohl die Kinder noch in den Kindergarten gehen. Da Kinder auf die Anerkennung und das Lob der Eltern angewiesen sind, besteht eine große Wahrscheinlichkeit, dass sich ein Teil der Betreffenden in die gewünschte Richtung entwickelt. Ein kleinerer Anteil tendiert dazu, mit Verweigerung zu reagieren. Die geschilderten Bedingungen sind eine schwere »Hypothek« und bieten viel Konfliktstoff, sodass es für die Betreffenden nicht einfach ist, das *Eigene* zu entdecken.

Subtile Zuschreibungen

Noch subtiler sind Zuschreibungen, die auf Eigenschaften, Verhaltensweisen und Leistungen bezogen werden, die wir alle in unterschiedlicher Ausprägung kennen. Delegationen können sich auf Beruf (»künstlerisch begabt wie Tante Elfriede«), auf Verhaltensweisen (»eigensinnig wie der Opa«), Potenziale (»wird scheitern wie sein Vater«), aber auch auf Rollenverhalten (»wie dein Onkel, der war ein Hallodri als Mann«) erstrecken. Kinder bekommen »Aufträge«, die Wünsche oder Ängste ihrer Eltern oder anderer Angehöriger auszuleben. Bemerkenswert ist, dass die Betreffenden in der Regel nicht wissen, dass sie etwas Fremdes ausleben bzw. Delegationen ausführen. Die Sender (meist Eltern) haben ihrerseits oft kein Bewusstsein, dass und wie sie ihre Botschaften senden. Die hier geschilderten Wirkmechanismen können nur angerissen werden. Sollten die Informationen für Sie neu gewesen sein, können Sie nun besser verstehen, welche Mechanismen bei Ihnen gegebenenfalls ablaufen. So können Sie in Ihre Überlegungen einbeziehen: Altes von früher wirkt in die Gegenwart und kann Neues beeinflussen und verhindern, aber auch fördern.

Achtung, Falle: Innere Stimmen und familiäre Aufträge stellen sich bei einer beruflichen Neuorientierung oft den eigenen Wünschen in den Weg.

Innere Stimme hinterfragen

Angenommen, Sie lesen einen Zeitungsbericht über einen Ihnen bisher fremden Bereich und er interessiert Sie. Doch schnell entsteht der Impuls, ihn beiseite zu legen. Die Stimme sagt sinngemäß: »Das ist nichts für dich.« Dann sollten Sie nach dem vorher Gelesenen misstrauisch werden. Vielleicht spielen Introjekte und Delegationen auch bei Ihnen eine größere Rolle. Um das zu überprüfen, empfehle ich Ihnen, sich die Mühe zu machen, sich Ihre Regeln bezüglich Ihres Könnens, Ihrer gesellschaftlichen Zugehörigkeit, Ihres Selbstvertrauens usw. vor Augen zu führen.

Stellen Sie mithilfe der folgenden Checkliste Ihre Regeln über die Welt auf, wie Sie als Person sein sollten und was Ihnen zugeschrieben worden ist:

WELCHE REGELN BESTIMMEN MEIN HANDELN?

Meine Regeln über die Welt	Gelerntes Verhalten, Regeln über mich: Wie soll ich sein?	Was sagt meine Familie über mich?
Man muss misstrauisch sein …	angepasst	Du bist wie …
Nur Leistung zählt …	draufgängerisch	Was ist gut/schlecht an mir?
Es wird schon gut gehen …	aufopfernd	Du bist ein Träumer, Macher, Gewinner, Verlierer …
	pflichtbewusst	Du bist …
	Ich muss es Vater oder anderen »recht machen«.	
	Ich muss mir treu bleiben.	

Eine solche Aufzählung dient als Anregung. Sie werden feststellen, dass Sie vermutlich unterstützende wie auch eher behindernde Botschaften explizit oder implizit mit auf den Weg bekommen haben. Führen Sie sich diese Liste immer wieder vor Augen, um zu merken, wann Sie neue Ideen durch Einhaltung alter Regeln von vornherein unmöglich machen.

Auch Elke musste feststellen, dass Delegationen bei ihr immer noch wirkten.

Neue Einordnung

ELKE

Eine Delegation von Elke lautete jahrelang: »Gerechtigkeit für die Zu-kurz-Gekommenen.« Mit einer guten Ausbildung war die Verpflichtung verbunden, sich in den Dienst von anderen zu stellen. Dies hatte dazu geführt, dass sich Elke bereits mit 13 Jahren ehrenamtlich engagierte.

Elke war der Überzeugung, dass sie bereitwillig den Auftrag übernommen hatte, zur Verbesserung der Welt beizutragen und sich beruflich wie ehrenamtlich für Gerechtigkeit einzusetzen. Aufgrund ihrer Ausbildungen meinte sie, um ihre Delegationen zu wissen. Elke war fest davon überzeugt, dass sie ihre Aufträge überprüft und diese aus eigener Entscheidung frei angenommen hatte. Alles war so selbstverständlich gewesen. Andere Karrierepläne kamen ihr bis zu ihrem Ausstieg gar nicht in den Sinn. Doch Elke war nicht so frei, wie sie meinte. Das wurde ihr im Verlauf des Prozesses deutlich. So musste sie sich gewaltig anstrengen, um sich die Erlaubnis zu geben, den anderen Wünschen Raum zu geben, ohne sich schuldig zu fühlen. Mit ihrem Kampf für die Benachteiligten erfüllte sie vorwiegend die Aufträge ihrer Mutter. Nach und nach konnte Elke eine Neubewertung vornehmen. Die Ausprägung und die Reihenfolge ihrer jetzigen Prioritäten konnte sie herausfinden, ohne das Alte abzulehnen. Demnach war sie nicht verpflichtet, für immer das Gleiche zu machen.

An Elkes Beispiel wird deutlich, wie sukzessive die Integration von neuen Möglichkeiten erfolgt – Schritt für Schritt. Hilfreich war für Elke an dieser Stelle, dass ihr Vater zusätzlich andere Werte verkörperte. Von seiner Seite gab es andere Botschaften, die sie für den Prozess nutzen konnte.

ELKE *Für ihren neuen Weg fand Elke einen Anknüpfungspunkt bei ihrem Vater. Mit Energie und Offenheit stand er – nach ihren Aussagen – dem Leben gegenüber. Krieg und Gefangenschaft hatte er überlebt, den Wiederaufbau mitgemacht. Trotz Familie drückte er in den 60er Jahren noch einmal die Schulbank und startete eine zweite Karriere. Als Elke noch ein Kind war, hatte er ihr Botschaften mit auf den Weg gegeben: »Ihr werdet sehen, jeder von euch wird mindestens drei Berufe haben müssen, um sich auf die vielen neuen Gegebenheiten und gesellschaftlichen Veränderungen einzustellen.« Und »Man ist nie zu alt, um zu lernen.« Mit über 50 Jahren lernte er beispielsweise Tennis und den Umgang mit Datenverarbeitung.*

Elke hatte das Glück, einen Vater zu haben, der ihr bereits vorgelebt hatte, dass berufliche Neuorientierung mit Erfolg machbar ist. Das trifft sicherlich nicht auf jeden zu. Dennoch können Sie sich vermutlich auch aus Ihrer Familie Unterstützung holen.

HINWEIS

Fahnden Sie nach Familienangehörigen, die unkonventionell, unbequem sind oder etwas Besonderes gemacht haben.

Familiäre Vorbilder nutzen

In nahezu jeder Familie gibt es Menschen, die sich anders, unkonventionell oder besonders kraftvoll verhalten haben. Orientieren Sie sich an ihnen. Denn Ihr Blick kann sich durch ihr Beispiel öffnen, sind Sie doch ein Beweis, dass Herausforderungen zu meistern sind. Holen Sie sich die Kraft und den Mut für Ihren eigenen Weg, indem Sie dort anknüpfen. Übrigens, es lohnt sich auch, nach den Anverwandten Ausschau zu halten, von denen Sie wenig wissen. Manchmal gelten sie in Familien als sogenannte schwarze Schafe. Gerade dort finden wir andere Lebensentwürfe und damit neue Optionen, die bei dieser Entdeckungsreise weiterhelfen können.

Sollten Sie niemanden in Ihrer Familie kennen oder finden, dann suchen Sie sich Ersatzpersonen oder Ersatzfamilien, an denen Sie sich orientieren können. Auch das hilft.

Professionelle Hilfe suchen

Regeln und Aufträge bestimmen uns mehr, als manch einer von Ihnen vermutlich gedacht hat. Sie wirken äußerst subtil, sodass es einer guten Schulung bedarf, um (zumindest meistens) die Wirkweisen mitzubekommen. Wenn Sie den Verdacht haben, dass solche Wirkmechanismen Ihrer beruflichen Neuorientierung dauerhaft im Wege stehen, sollten Sie sich nicht scheuen, einen Profi zurate zu ziehen, der Ihnen hilft, Argumente und Vorbehalte zu sortieren. So gewinnen Sie die notwendige Entscheidungsfreiheit.

Das Eigene entdecken

Was ist notwendig, damit Sie Ihre eigenen beruflichen Wünsche entdecken und umsetzen können? Das herauszufinden steht bei einer wirklichen beruflichen Neuorientierung zunächst im Mittelpunkt der Aufmerksamkeit. Weder die Frage nach dem, was der Markt braucht, noch das Bemühen, sich als Marke zu etablieren, wird Sie wirklich dabei weiterbringen. »Was würde ich gerne tun, wenn eine Fee mir garantieren würde, dass es klappt?« Mittels solcher Szenarien können Sie herausfinden, wo Ihre Ambitionen liegen könnten. Das ist durchaus sinnvoll. Es macht in der Regel Spaß, frei von allen Zwängen den eigenen Assoziationen freien Lauf zu lassen. Sie werden wertvolle Hinweise bekommen. Halten Sie daher Ihre diesbezüglichen Überlegungen in Ihrem Buch fest. Doch die Entwicklung von Phantasien ist leider nicht hinreichend.

Die beste Idee hilft nicht, wenn Sie diese nicht umsetzen können, weil Ihnen die Umsetzung – bezogen auf Ihre Person – als so wahrscheinlich wie »eine Reise zum Mond« erscheint.

Falle: schlechte Ratgeber

Nicht alle guten Freunde, Familienmitglieder und Bekannte eignen sich als Unterstützer in Ihrem Prozess. »Jetzt hast du doch so lange studiert (an deiner Karriere gearbeitet usw.), da kannst du doch nicht etwas ganz anderes machen«, »Ich kenne jemanden, der ist ausgestiegen und hat nie mehr eine richtige Anstellung gefunden«, »Noch nie hat jemand aus unserer Familie …«, »Wo soll denn das enden?«, »Man kann doch nicht einfach alles hinschmeißen«, »Man muss wissen, was man will«, so oder ähnlich lauten gut oder eben nicht gut gemeinte Warnungen.

»Man-tut-Aussagen«

Es handelt sich um »Man-tut-Aussagen« bzw. um die implizite Vermittlung von zur Allgemeingültigkeit erhobenen Regeln. Solche Aussagen sind für Sie nicht hilfreich und bringen Ihnen keine neue Information. Was Sie bisher gemacht haben, wissen Sie selbst. Dass Sie etwas aufgeben, haben Sie mittlerweile auch gemerkt. Dass Sie (noch) nicht wissen, wohin die Reise geht, ist Ihnen selbst klar.

Die Betreffenden meinen es nicht zwangsläufig schlecht mit Ihnen, manche werden ehrlich um Sie besorgt sein. Nur bedenken Sie, dass auch die Personen aus Ihrer Umgebung ihre eigenen

Regeln haben, nach denen sie die Welt einordnen. Für manche kann Ihr Ausstieg somit eine Bedrohung sein: Denn Sie zeigen, dass ein Berufswechsel möglich ist und dass man ständigen Druck oder anhaltende Unterforderung nicht aushalten muss. Wenn Sie scheinbar Gegebenes nicht länger hinnehmen und sich damit anders als viele verhalten, dann fühlen sich manche Menschen infrage gestellt. Sollten Sie mit diesem Verhalten zusätzlich noch erfolgreich sein, dann können einige aus Ihrem Umfeld das als Gefahr erleben, die ihre Ordnung zu erschüttern droht. Daher wundern Sie sich nicht, wenn auch Freunde von Ihnen dazu neigen sollten, die Gefahren und Schwierigkeiten, die mit Ihrem Ausstieg verbunden sind, heraufzubeschwören.

Gehen Sie davon aus, dass Freunde und Bekannte Ihnen gängige Vorschläge machen, wie etwa zu schauen ist, was »der Markt« braucht, und erwarten, dass Sie diese Ideen aufgreifen und umsetzen. Das ist dann ein guter Gedanke, wenn Sie schon an dem Punkt sind, an dem Sie wissen, was Ihr Metier sein soll. Dann werden Sie von sich aus den Markt analysieren und überlegen, wie Sie Ihre Ideen platzieren können. Und zu dieser Zeit werden Sie auch das diesbezügliche Wissen Ihrer Freunde und Bekannten in Anspruch nehmen. Ansonsten ist dieser Ansatz hilfreicher Menschen, die meistens ihr eigenes Herangehen verallgemeinern, für Sie eher kontraproduktiv. Denn Ihr Ziel ist es ja, in Übereinstimmung mit Ihrer Person und aus Ihrem eigenen Antrieb eine berufliche Perspektive zu entwickeln.

Erkennen von guten Ratgebern

Wirklich gute Ratgeber erkennen Sie daran, dass sie nach Ihren Motiven und Ihren Vorstellungen fragen. Entsprechend lauten die Fragen beispielsweise: »Was wirst du tun, wenn …?«, »Was ist dir wichtig …?« Diese Menschen wollen zunächst verstehen, konfrontieren Sie mit Widersprüchen und fragen nach. Es handelt sich meist um Personen, die mit sich weitgehend im Reinen sind und daher nicht die eigene Vorstellung von der Welt als richtungweisend für alle anderen verstehen.

Gute Ratgeber sind an Ihnen interessiert – ohne gleich zu wissen, was für Sie gut ist.

Durch die Beschäftigung mit Ihren Grundorientierungen und damit, welche Überzeugungen Sie über sich und die Welt haben, haben Sie die Chance, viel über sich in Erfahrung zu bringen. Manchmal werden Sie vielleicht über sich überrascht, manchmal vielleicht erschrocken sein.

Das ist vollkommen normal und gehört zu diesem Prozess. Es braucht oft Zeit, bevor wir beispielsweise für uns akzeptieren können, dass das bisherige berufliche Leben dadurch bestimmt war, endlich bei Vater oder Mutter zu landen, von ihnen gesehen bzw. angenommen zu werden. Gerade hoch leistungsfähige und -bereite Menschen finden die Wurzel für ihr Tun häufig in familiären Konstellationen oder Aufträgen.

Eigenes Tempo

Bei der Betrachtung und (Neu-)Bewertung eigener Überzeugungen und beruflicher Entscheidungen hat jeder sein eigenes Tempo. Schnelligkeit können wir nicht erzwingen. Im Gegenteil, je verbissener wir werden, umso weniger kommen wir bei diesem Prozess voran. *Nehmen Sie sich die Zeit dafür und nehmen Sie sich ernst, denn es geht um Sie.* In Anbetracht der vielen Stunden und der Energie, die Sie beruflich einsetzen, lohnt es sich, Zeit zu investieren, um Ihre Wünsche und Bedürfnisse sowie Ihre Potenziale im Hinblick auf Ihre berufliche Zukunft zu erkennen und umzusetzen. Dies ist oft harte Arbeit. Für unsere Leistungsfähigkeit und unser seelisches Gleichgewicht ist es daher unverzichtbar, den Energiehaushalt auszubalancieren.

2.8. ENERGIEHAUSHALT AUFBAUEN

Der Prozess, auf den Sie sich gerade eingelassen haben, fordert Sie sowohl kognitiv wie psychisch. Das kostet Kraft. Ihre emotionale Befindlichkeit wird vermutlich schwankend sein. Wundern Sie sich nicht, wenn Sie sich »k.o.« fühlen, obwohl Sie doch scheinbar nichts bzw. wenig getan haben. Sie sollten nicht untertreiben, denn Sie haben vermutlich viel getan. Psychische Prozesse sind durchaus anstrengend. Diejenigen unter Ihnen, die bisher wenig bewusste Erfahrungen mit psychischen Vorgängen gemacht haben, werden über solche Auswirkungen besonders verwundert sein. Es ist daher wichtig, dass Sie über genügend Energie verfügen.

Aufräumen

Um den Energiehaushalt aufzubauen, ist es hilfreich, alles zu erledigen, was in den letzten Jahren liegen geblieben ist. Räumen Sie ganz real auf, machen Sie Ihre Ablage, Briefe, Steuern und Ihren sonstigen Verwaltungskram. Nehmen Sie Kontakt zu Menschen auf, mit denen noch etwas offen ist. Steht ein Klärungsgespräch aus, so führen Sie es jetzt. Machen Sie sich eine Liste mit allem, was Ihnen immer wieder in den Sinn kommt, aber beiseite geschoben wird. Indem Sie solche »Reste« erledigen, wird gebundene Energie frei.

Verdrängung kostet Energie

Dahinter steht das Verständnis, dass wir Energie verbrauchen, um unangenehme Aufgaben wie auch Erfahrungen und Erlebnisse, die wir noch nicht bewältigt haben, im Hintergrund zu halten. Wir neigen dazu, unangenehme Gedanken (»Oh, ich habe vergessen, Sara das Buch zurückzugeben, und den Brief an Jürgen habe ich auch immer noch nicht geschrieben …«) und Erlebnisse (Konflikte, Enttäuschungen) beiseitezuschieben. Manchmal ist dies notwendig und sinnvoll, vielfach jedoch nicht. Verdrängung bedeutet immer einen psychischen Energieaufwand, und der kann im Einzelfall sehr groß sein.

Die Gestalttherapie spricht in diesem Zusammenhang von »offenen und geschlossenen Gestalten«. Für das Verständnis des weiteren Textes ist es hilfreich, einige weitere Begriffe und Grundgedanken aus der dazugehörigen Theorie zu kennen. Daher folgt eine kurze Einführung:

Zum Hintergrund

GESTALTTHERAPIE

- »Das Ganze ist mehr als die Summe der Teile«
- »Ganz im Hier und Jetzt«

Das sind zwei populäre Aussprüche aus der Gestalttherapie. Vielleicht kennen Sie diese Sätze? Der vorstehende Satz meint, dass eine Melodie mehr ist als die Aneinanderreihung von einzelnen Tönen. Natürlich heißt das auch, dass ein Mensch mehr ist als die Addition seiner stofflichen Bestandteile. Ebenso gilt, dass jeder mehr ist als der Teilaspekt, den er uns gerade zeigt und über den wir uns gerade ärgern oder freuen.

»Hier und Jetzt« drückt die Betrachtungsweise der Gestalttherapie aus. Sie ist auf die Gegenwart bezogen und fragt: »Was nimmst du jetzt im Moment wahr, wenn du deine Sinne einsetzt und deine körperlichen Reaktionen beobachtest?« Die Vergangenheit spielt nur dann eine Rolle in der Gestalttherapie, wenn sie unsere Entwicklung behindert. Die Zukunft ist immer eine gedachte. Wir können Sie antizipieren. Doch die einzige Wirklichkeit, die wir leben können, ist die Gegenwart.

Historie

Die Gestalttherapie wurde in den 50er Jahren des letzten Jahrhunderts von Fritz und Laura Perls zusammen mit Paul Goodman in Amerika entwickelt und ist seit den Siebzigern in Europa ebenfalls etabliert. Ideen aus dem psychologischen Theorienspektrum (Psychoanalyse, Gestaltpsychologie, Feldtheorie) wie aus dem philosophischen (Existentialismus, Phänomenologie) sind in die Gestalttherapie eingeflossen und zusammengeführt worden. Gestalttherapie sieht sich in der Tradition der *humanistischen Psychologie* und vertritt einen ganzheitlichen Ansatz, in dem Denken, Handeln, Fühlen und Empfinden als Aspekte von Körper, Seele und Geist, die aufeinander bezogen sind, verstanden werden.

Zielsetzung

Ziel ist persönliches Wachstum, Kreativität und Selbstentfaltung unter Berücksichtigung der Belange der Umwelt und des jeweiligen Umfeldes. Der Einzelne befindet sich in einem sozialen, ökologischen und politischen Umfeld, in einer Welt, mit der er sich im wechselseitigen Austausch befindet. Das Ausmaß des Austausches ist unterschiedlich. Kein Organismus kann leben, ohne zumindest zu atmen sowie Nahrung aufzunehmen und auszuscheiden. Hierbei handelt es sich um den minimalsten Austausch. Um zu wachsen, brauchen wir die Begegnung, den Kontakt mit Neuem und Anderem: Wie bei der Nahrung gilt es, aufzunehmen und einzuverleiben, was mir guttut, und auszuscheiden, was ich nicht gebrauchen kann.

Für die folgenden Kapitel sind zwei weitere Konzepte der Gestalttherapie von Relevanz: *Vordergrund/Hintergrund* sowie *offene und geschlossene Gestalten*.

1. Vordergrund / Hintergrund

Die Bildung von *Vordergrund* und *Hintergrund* ist eine notwendige Fähigkeit, die wir brauchen, um handlungsfähig zu sein. Es handelt sich um einen quasi automatisierten Prozess. Im Normalfall sind wir in der Lage, beispielsweise am Schreibtisch zu sitzen und Papiere zu bearbeiten. Das, was wir tun, steht im Vordergrund, alles andere, was uns sonst noch beschäftigt, oder der geplante Theaterbesuch bleibt im Hintergrund, da die Angelegenheiten momentan nicht wichtig sind. Wenn wir unsere Aufgabe erledigt haben, dann schweifen unsere Gedanken vielleicht zu dem anstehenden Besuch der Schwiegermutter. Die erledigte Büroarbeit wird Hintergrund und der Besuch tritt in den Vordergrund. Im Normalfall sind wir flexibel genug, uns auf eins zu konzentrieren und anderes, weil es für den Zusammenhang jetzt uninteressant ist, außer Acht zu lassen. Anders ist es, wenn wir uns morgens vor der Arbeit mit unserem Partner gestritten haben. Funktioniert die Beziehung und können wir das Problem in absehbarer Zeit klären, dann können wir meist Vordergrund und Hintergrund bilden. Dennoch müssen wir etwas Kraft aufwenden, um uns trotz des Streits der Arbeit widmen zu können. Wollen wir also dauerhaft ein Gefühl, ein Erlebnis von uns fernhalten, müssen wir dementsprechend viel psychische Energie aufwenden. Das kostet im wahrsten Sinne des Wortes Kraft und strengt an.

2. Offene / Geschlossene Gestalten

Unter *offene Gestalten* versteht man in diesem Kontext Prozesse, die noch nicht beendet sind, wie ein ausstehendes zweites Gespräch mit Ihrem Verhandlungspartner. Es ist unklar, was aus dem Kontakt wird. Die Beziehung ist die offene Gestalt.

Als offene Gestalten bezeichnet man in der Gestalttherapie auch solche Erfahrungen, die bereits in der Vergangenheit liegen, aber in uns heimlich oder offen rumoren, wie z.B. die Kränkung über eine übergangene Beförderung. Im Gegensatz dazu sind *geschlossene Gestalten* verarbeitete Erfahrungen und beendete Vorgänge, die wir in unser Leben als Vergangenheit integriert haben. Wie bereits geschildert, wenden wir viel Kraft auf, um manche als unangenehm empfundene Gefühle nicht zu spüren, da sie uns ansonsten an schmerzhafte Erlebnisse erinnern würden. Zum Zeitpunkt, als wir verletzt worden sind und nichts dagegen tun konnten, war es oft klug, diese Gefühle nicht zu spüren. Auf Dauer beeinträchtigt es uns jedoch meist mehr, als es uns nutzt. Damit wir die Energie wieder zur Verfügung bekommen, müssen wir solche offenen Gestalten schließen.

Die frei gewordene Energie können wir nutzen, um z.B. im Rahmen einer beruflichen Neuorientierung unsere vorhandenen (manchmal verschütteten oder nie ausgebildeten) Fähigkeiten und Ressourcen zu entdecken.

Alte Gestalten aus dem beruflichen Tätigkeitsfeld schließen

Um für den weiteren Prozess ausreichend Energie zu haben, ist es demnach ratsam, Ballast abzuwerfen. Ähnlich wie bei einem Ballon kann so der Auftrieb unterstützt werden. Die Kräfte nach unten wirken somit nicht mehr so stark. Ähnlich verhält es sich mit den alten Gestalten (→ Gestalttheorie) aus unserem früheren Betätigungsfeld, die noch offen sind. Die zugrunde liegende Annahme lautet, dass Erlebnisse und Begegnungen, die wir gehabt haben, noch nachwirken und unser Handeln, zumindest indirekt, weiter beeinflussen.

Wir kennen diese Phänomene aus Scheidungsgeschichten, wo sie besonders eindrücklich sind. Für einen Außenstehenden unverständlich, streiten sich Paare über Jahre hinweg um scheinbare Nichtigkeiten. Im Hintergrund stehen enttäuschte Erwartungen und Kränkungen. Um loslassen zu können, müssen die Gefühle zugelassen und formuliert werden und ihre Berechtigung erhalten. Mit anderen Worten, es geht in diesen Fällen fast immer darum, seine Gefühle zu äußern, damit gesehen und anerkannt zu werden.

Beispiel Scheidung

Analoges gilt für die Berufswelt. Ich habe die Erfahrung bei mir wie auch bei meinen Klienten gemacht, dass die Art, wie mit uns umgegangen worden ist, die Art, in der wir beispielsweise aus einer beruflichen Karriere ausgestiegen sind, sich sehr entscheidend auf den weiteren Berufsweg auswirkt. Kränkungen beispielsweise, die wir nicht bearbeitet haben, zehren schwer. Sie kosten uns Energie und verstellen oft noch den Blick auf das mögliche Neue.

Beispiel Berufswelt

Sollten Sie merken, dass Sie auf der Stelle treten, dann überprüfen Sie, ob Sie noch an Altem festhalten. Bei näherer Betrachtung kann sich herausstellen, dass für uns noch Rechnungen offen sind. Manche Menschen verharren lange in der Phase, die stark von offener oder verdeckter Wut bestimmt wird. Das sollten Sie vermeiden. Die Beschäftigung mit solchen Gefühlen hat Vorrang.

»Offene Rechnungen«

HINWEIS

Erneut: Wenn Sie Wut und Kränkung, Scham oder Traurigkeit in Zusammenhang mit Ihrem vorherigen Berufsleben spüren, sollten Sie diese Gefühle ernst nehmen. Sie nehmen sich damit selber ernst.

Meist neigen wir dazu, rational geprägt und vernünftig zu sein. Da wir wissen, dass das Geschehene nicht ungeschehen gemacht werden kann, gestehen wir uns gar nicht zu, dass wir Wiedergutmachung erwarten und eigentlich zutiefst wütend sind. Ob Sie wollen oder nicht, Ihre Gefühle sind da. Wirklich vernünftig ist es daher, uns den starken Gefühlen nicht zu widersetzen, sondern ihnen offiziell Platz zu geben: Sie sind z.B. wütend und enttäuscht, also stehen Sie dazu.

Lösungsmöglichkeiten

Ich rate meinen Klienten zu einem aktiven Umgang mit solchen Emotionen. So empfehle ich z.B., einen unzensierten Brief an Kollegen oder den Personalchef, auf wen immer Sie wütend sind oder von denen Sie sich enttäuscht fühlen, zu schreiben. Gemeinsam wird hierzu ein passendes Ritual gefunden. So wurden solche Briefe beispielsweise verbrannt oder beerdigt, nachdem sie laut vorgelesen wurden. Auch Abschiedsgeschenke von Kollegen wurden schon in meiner Praxis zerschmissen und zerschnitten. Für andere ist es entlastend, ihre Gefühle in Formen und Farben auszudrücken. Sollten Sie feststellen, dass Kränkung oder andere negative Gefühle Sie hindern, aktiv zu werden, dann probieren Sie, Ihre Emotionen aufzuschreiben, zu formen, zu malen, musikalisch umzusetzen o.Ä. Wichtig ist es immer wieder, den Gefühlen, die sowieso da sind, eine Form zu geben. Als Bild, als Ton werden sie für mich gegenständlich bzw. hörbar und wir können sie von allen Seiten betrachten. Halten Sie Ausschau, ob Freunde oder Bekannte sich als Gesprächspartner anbieten. Meist ist es erleichternd zu erfahren, dass andere vergleichbare Erlebnisse hatten, und zu sehen, wie sie mit ihren jeweiligen Gefühlen umgegangen sind.

Manchmal sitzen Wut und Enttäuschung jedoch so tief, dass es einen längeren Zeitraum und verschiedener Schritte bedarf, bevor wir sie loslassen können. In der Zwischenzeit sind wir oft nicht in der Lage, uns für Neues wirklich offen zu machen. Wenn Sie merken, dass Sie von alten negativen Gefühlen stark bestimmt werden und nicht alleine herauskommen, dann sollten Sie ins Auge fassen, für solche Themen professionelle Hilfe hinzuzuziehen.

Kreative Potenziale und ihre Einflüsse

Zum Auftanken Ihres Energiehaushaltes ist es sinnvoll, Ihre kreativen Möglichkeiten zu nutzen. Jeder hat sie, manchmal muss man sie allerdings erst entdecken.

Zur Erinnerung: Der Prozess der Neuorientierung gestaltet sich für jeden Einzelnen von Ihnen individuell. Mal liegt der Schwerpunkt etwa auf dem Brainstorming, mal stehen die Blockaden im Vordergrund. Die zentrale Idee der ersten drei Phasen (Trennungs-, Öffnungs- und Suchphase) besteht darin, sich zu öffnen und offen zu sein. Aktiv auf die Welt zuzugehen und Neues auszuprobieren wechselt sich ab mit der Beschäftigung mit sich selbst. Ihr kreatives Potenzial ist dabei ebenfalls gefragt. Wollten Sie nicht schon immer malen, musizieren, bildhauen, Fallschirmspringen, Yoga lernen? Dann ist jetzt die Zeit dazu.

Kreative Ressourcen freilegen

Manche von Ihnen mögen sich als unkreativ bezeichnen. Auf diesen Einwand kann ich nur sagen, *es gibt keine unkreativen Menschen, es gibt nur darin ungeübte*. Es ist an der Zeit, dass verschüttete Ressourcen freigelegt werden. Die Aufgabe besteht darin, Neues/Anderes zu lernen. Nicht das Können, nicht das Ergebnis stehen im Vordergrund, sondern die Freude, sich auszuprobieren und sich in vielleicht unbekannter Art zu erfahren.

Erfahrungsgemäß tun sich insbesondere Männer damit schwer. Daher sei noch der Hinweis gestattet, dass sich die Effizienz von Lernprozessen nachweislich durch Einbeziehung beider Gehirnhälften steigert.

Niemand ist unmusikalisch

ELKE

Elke probierte es mit dem Singen. Das war für sie eine wirkliche Herausforderung, da sie mit der Zuschreibung unmusikalisch zu sein, nicht singen zu können, aufgewachsen war. Unter diesem Stigma hatte sie schon als Kind gelitten. Elkes Freund und andere hatten ihr gut zugeredet – und sie traute sich. Sie wollte wissen, ob es wirklich stimmte, dass sie unmusikalisch sei und nahm Gesangsstunden. Mittlerweile singt Elke gerne und beschreibt es geradezu als Gewinn von Lebensqualität. Darüber hinaus machte sie durch den Gesangsunterricht eine spannende Entdeckung. Analog zu ihrem Veränderungsprozess verhielt es sich auch mit ihrer Stimme: War sie eher blockiert, dann unterbrach sie auch während des Unterrichts den Atem, hielt die Körperspannung nicht aufrecht usw. War sie dagegen offen für den nächsten Schritt in ihrem Veränderungsprozess, konnte sie sich auch dort zeigen und ihre Unsicherheit ablegen. Nach ihrer Schilderung ging es sogar noch weiter. Konnte die Gesangslehrerin sie ermutigen, stimmliche oder körperliche Blockaden zu lockern, so hatte das positive Rückwirkungen auf den beruflichen Prozess.

Damit hatte Elke für sich eine Art Spiegel entdeckt – und zwar einen direkt sinnlich erfahrbaren. So entwickelte sich ein paralleles Lernfeld.

Kreatives Tun als Spiegel

Das Medium, das Feld kann unterschiedlich sein, die Entsprechungen sind ähnlich. Jedes kreative Tun gibt Ihnen ein Feedback, eine Aussage über Sie selbst in Bezug auf: Leistungsdruck, Art des Herangehens, Geduld, Selbstvertrauen, Einfühlungsvermögen, Akzeptanz von dem Material oder dem Medium inhärenten Prinzipien. All dies und mehr kann so neu erfahrbar werden. Aus der Psychologie weiß man, dass ein Transfer zwischen unterschiedlichen Bereichen häufig stattfindet: **Neu Gelerntes aus einem kreativen Feld kann in den normalen Alltag übertragen werden.**

Kognitiv ist dieses den meisten von Ihnen jetzt sicherlich klar. Aus langjähriger Erfahrung halte ich es jedoch für notwendig, die Bedeutung solcher Lernerfahrungen näher auszuführen.

Sollten Sie zur Ungeduld neigen oder dazu, Dinge unter Aufwand aller Kräfte umzusetzen, dann werden Sie vielleicht beim Musizieren (beim Malen, Filmen) erleben, dass Sie beispielsweise eine Stimmentwicklung nicht erzwingen können. Stattdessen machen Sie die Erfahrung, dass die Stimme sich dennoch verbessert, erst recht, wenn Sie gelassener werden und auf Ihr eigenes Tempo vertrauen. Wenn eine solche Erfahrung internalisiert wird, dann werden Sie in der Lage sein, in anderen Situationen vielleicht weniger zwingend zu sein.

Der Umgang mit unterschiedlichen Materialien erfordert unterschiedliches Herangehen – Stein will z. B. anders bearbeitet werden als Ton. Adäquates und abgestuftes Handeln erfährt hier im kreativen Bereich seine Entsprechung. Gelernt werden kann so genaueres Hinschauen auf die Erfordernisse der Umwelt, um daraus passende Antworten zu entwickeln. Intellektuell sind die Unterschiede den meisten von uns klar, nur sinnlich zu erfahren, dass es einen Unterschied macht, welchen Ton/Stein ich vorfinde, wie ich ihn bearbeiten muss, das prägt sich uns wirklich ein. Dieses Erleben kann zu einer direkten Ausweitung unserer Handlungsmöglichkeiten führen.

Für alle, die beim Lesen dieser Passagen immer noch denken, dass es sich um Zeitverschwendung bzw. »nur« um Hobbys handelt, folgt nochmals eine kurze theoretische Einordnung.

Theoretische Einordnung

Bei Musik, Kunst wie im Sport machen wir Erfahrungen, die nicht überwiegend vom Intellekt bestimmt werden. Dadurch kann Neues zu uns vordringen, quasi an unserer inneren Zensur vorbeigelangen. Viele von Ihnen sind es gewohnt, sich anzustrengen, Leistung zu bringen. Genau darum geht es hier **genau**

nicht. Es geht hier eben nicht darum, schön zu malen, perfekt zu singen usw., sondern sich in der Auseinandersetzung mit einem anderen Kontext zu erfahren. Das Ergebnis ist zunächst nachrangig. Sie können, dürfen und sollen Spaß beim Ausprobieren haben und Kraft daraus schöpfen. Mit anderen Worten – Sie schlagen zwei Fliegen mit einer Klappe: Spaß und Nützlichkeit gehen Hand in Hand.

2.9. ANSCHLUSSFÄHIGKEIT BEACHTEN

Wir müssen uns immer wieder klar machen, in welchem Kontext wir uns bewegen. Besonders schwierig kann die Erkundung ähnlicher Berufsfelder sein, da auf den ersten Blick die Ähnlichkeiten überwiegen. Immer geht es darum, den richtigen Schlüssel ins Schloss zu stecken und daran zu denken: Der alte passt nicht mehr. Wie leicht man sich hierbei täuschen kann, diese Erfahrung musste Elke leider mehrfach machen. Und ihre Erfahrungen sind typisch:

Ähnlich ist nicht gleich

ELKE

Nach ca. einem halben Jahr wurde Elke etwas ruhiger. Sie hatte, wie Sie verfolgen konnten, diverse Kurse besucht, sich mit verschiedenen Aspekten des Ausstiegs beschäftigt, versuchte insgesamt weniger zu machen und die Welt etwas mehr auf sich einwirken zu lassen. Sie genoss es mittlerweile, morgens im Café ihren Milchkaffee zu trinken und dabei drei Zeitungen zu lesen.

Sie erinnern sich: Elke hatte eine Weiterbildung begonnen, in dem Glauben, sie müsse sich nur weiterqualifizieren. Wie üblich dachte sie in Inhalten, Verfahren usw. Dabei übersah sie, dass (zumal ihr die Inhalte aus anderen Zusammenhängen bekannt waren) sie die Chance hatte, über die anderen Teilnehmer Einblick in andere Berufswelten zu erhalten. Man muss es deutlich sagen – diese Chance hat sie vertan. Doch wie konnte das geschehen? Anhand von Fragen wurde deutlich, dass es zunächst an ihren Erwartungen lag. Sie erwartete, dort Menschen zu treffen, die sich von ihrem bekannten Umfeld unterscheiden und eher ihren Bildern und ihren Erfahrungen mit Menschen aus dem Business-Bereich entsprechen würden. Vermeintlich gut vorbereitet wollte sie sich dem Fremden stellen. Stattdessen erschien ihr alles vertraut: der gleiche Fachjargon, die gleichen Umgangsformen. Einige Teilnehmer waren ebenfalls Psychologen, einige sogar wie sie früher bei sozialen Trägern angestellt. Andere hatten eine Weiterbildung am gleichen Institut absolviert. Vorschnell stellte sie sich auf das ihr Bekannte ein. Entsprechend ließ ihre Achtsamkeit nach.

Elke hatte nicht bedacht, dass der gleiche Ausgangsberuf und eine ähnliche Fortbildung nichts oder nur wenig über Gemeinsamkeiten aussagen. Sie hatte Gleichheiten unterstellt, wo nur Ähnlichkeiten waren. Entsprechend hatte sie Fragen gestellt, die nicht passten, und andere Fragen nicht gestellt, die sicherlich für sie interessant gewesen wären.

Genau hinhören

ELKE

Wie sehr Elke noch in ihrem alten Denken verhaftet war, wurde aus der Schilderung eines Gespräches mit einem Personalberater einer großen Bank, ebenfalls Psychologe, sichtbar. Er erzählte ihr von Konflikten und Intrigen am Arbeitsplatz und dass er stolz wäre, den Kampf aufzunehmen. Er berichtete auch, wie sehr er unter der Atmosphäre leide. Viele der von ihm benutzten Vokabeln entstammten der Kriegssprache. Statt die Gelegenheit zu ergreifen, etwas über die Kultur des Hauses und die Strukturen zu erfahren, in denen ein Arbeitsplatz offensichtlich ein Kampfplatz war, verfiel sie zunächst ganz in eine therapeutische Grundhaltung, die das Klagen hörte, die Selbstverständlichkeit des Kampfes jedoch überhörte: Was tut dieser Mensch sich da an? Sie unterstellte bei dem Berufskollegen ein gemeinsames Grundverständnis. Erst später wurde ihr klar: Seine Sprache war nicht primär Ausdruck eines individuellen Problems, sondern Widerspiegelung eines generellen Umgangs in dieser Bank.

Erinnern Sie sich ab und zu an Elke, wenn Sie sich in einem ähnlichen Berufsfeld bewegen. Halten Sie Ausschau nach den Unterschieden.

Gleiche Sprache – andere Inhalte

Die gleiche Sprache verleitet dazu, das Fremde zu übersehen. Diese kollektive Erfahrung haben Ost- wie Westdeutsche im Rahmen der deutschen Wiedervereinigung gemacht. Vergleichbares gilt für den Umgang von uns Deutschen mit Menschen aus anderen Ländern, in denen Deutsch gesprochen wird, wie Österreich und der Schweiz.

Berufsspezifische Sprache

Entsprechende Probleme ergeben sich durch unterschiedliche Ausbildungen. Wir kennen auch da die jeweilige Sprache nicht. Juristen und Betriebswirtschaftler, Mediziner, Ingenieure, Vertriebsmitarbeiter – um nur einige Berufsgruppen herauszugreifen – sie alle benutzen einen jeweils unterschiedlichen Code und haben eine berufsspezifische Art zu denken und die Welt zu betrachten gelernt.

Im Prinzip wissen wir das, allerdings ohne uns dessen ständig bewusst zu sein. Jedes Unternehmen hat eine eigene Art, wie seine Kultur intern, explizit und implizit kommuniziert wird. Selbst da gibt es häufig Missverständnisse, denn Verkauf, Produktion, Entwicklung und Verwaltung gehen an ein Problem unterschiedlich heran: *Sie denken jeweils anders.* In der Chemieindustrie wird anders gesprochen als in der Metallindustrie und es macht einen Unterschied, ob jemand Flugzeuge oder Autos verkauft. Analoges gilt für Non-Profit-Unternehmen, wo es ebenfalls Unterschiede in den Regeln, Codes etc. gibt. Es ist bedeutend, ob die Kirche oder die Arbeiterwohlfahrt der Arbeitgeber ist. Auch die Kunst- und Medienbranchen haben selbstverständlich ihren eigenen Fachjargon und spezifische Verhaltensregeln. Alles das wissen und beachten wir – dem Grunde nach. Viele Missverständnisse entstehen dennoch dadurch, dass scheinbar Gleiches für Menschen Unterschiedliches bedeutet.

In der Berufswelt sind kommunikative Missverständnisse bei vielen Gelegenheiten anzutreffen. Menschen neigen dazu, die eigene Wahrnehmung, das eigene Verhalten als die gültige Verhaltensform auf andere zu projizieren bzw. anderen zu unterstellen und auf dieser Basis zu agieren. Nur wenn der andere (in dem Fall Sie) offenkundig fremd und interessant ist, wird nachgefragt und erklärt. Also, wenn Sie sich im Rahmen Ihrer Erkundungen in ein Umfeld begeben, in dem Sie nicht zu Hause sind, fragen Sie in eigenem Interesse nach. So signalisieren Sie Ihrem Gegenüber, dass Sie der Fremde sind, der wissen und lernen will. Vielleicht greift Ihr Gesprächspartner Ihr Angebot auf und versucht sich als *Fremdenführer*.

Fremdheit nutzen

Viele haben ähnliche Erfahrungen wie Elke gemacht: Selbst wenn wir um die Gefahr wissen, lassen wir uns dennoch ganz schnell durch Ähnlichkeiten täuschen. Also: *Genaues Sondieren des Terrains ist immer angesagt.* Je fremder der Bereich ist, den wir betrachten, umso mehr sollten wir von uns aus bewusst eine

Erkundungshaltung annehmen. Wir sind dort Unwissende. Ich empfehle meinen Klienten immer, sich als Anthropologen diesen »unbekannten Ländern« zu nähern, selbst wenn ihnen die Umstände vertraut erscheinen.

Neues Wissen erarbeiten

In Ihrem ehemaligen Bereich kannten Sie sich aus. Sie wussten, womit Sie wen erreichen, was dort, wo Sie tätig waren, auf keinen Fall geschehen durfte, was dort als ein Tabubruch galt usw. Wenden Sie sich neuen Feldern zu, gilt dies alles nicht mehr. Das jedem Bereich eigene implizite Wissen, das die Teilnehmer des jeweiligen Systems kennen, fehlt Ihnen nun. Sie müssen sich dieses Wissen neu erarbeiten. Das ist relativ einfach, solange es sich um Formalien handelt wie: Sollten Bewerbungen per Brief oder per E-Mail erfolgen? Schwieriger wird es bei Aspekten wie: Wer kann mit wem? Über wen laufen die offiziellen, über wen die (erlaubten) inoffiziellen Wege? Wo bekommt man welche Information?

Ihre Haltung als Fragender und Fremder wird Ihnen weiterhelfen, die notwendigen Informationen zu erlangen. Achten Sie vor allem in für Sie neuen Situationen darauf, in welchem Bezugsrahmen Ihr Gegenüber agiert. Ist er Vertreter seiner Berufsgruppe, seiner Ausbildungsstätte, seines Status? Sie wollen das Interesse des anderen gewinnen, also müssen Sie lernen anzudocken.

Sich selbst treu bleiben

Sie können noch so gut sein – wenn Sie nicht die richtigen Fragen stellen, wenn der andere nicht zuhört oder für Sie nicht offen ist, haben Sie keine Chance. In Kontakt zu kommen bedeutet nicht einfach, sich unauffällig zu verhalten. Es setzt voraus, die impliziten Regeln zu erforschen und einzuhalten. Doch auch überraschendes, ungewöhnliches Verhalten kann Kontakt herstellen. Letzteres ist vermutlich im Kreativbereich (Film, Kunst, Werbung) weitaus gefragter, denn dort gehört es eher zu den Regeln als unter Angehörigen des Beamtenstandes. Sondieren Sie Ihr anvisiertes Terrain. Passen Sie sich z.B. in der Kleidung an, sich zu verstellen ist allerdings nicht angesagt. Wenn Ihnen beispielsweise das Formelle liegt, erscheint es nicht ratsam, auf ungewöhnlich zu machen und umgekehrt.

Emotionale Ausschläge sind während des Neuorientierungsprozesses erfahrungsgemäß normal. Der Umgang mit den möglichen Wechselbädern ist gar nicht so schwer. Dennoch erleben manche diesen Zustand als irritierend. Daher handelt das folgende Kapitel von der Bedeutung der Gefühle für die berufliche Neuorientierung und davon, wie Sie konstruktiv mit Ihren gefühlsmäßigen Reaktionen umgehen können.

2.10. GEFÜHLE ENTSCHEIDEN

Einige von Ihnen wundern sich, andere sind vielleicht sogar ungeduldig, weil ich immer wieder auf Emotionen und Gefühle Bezug nehme. Schließlich sind Sie alle intelligente Leser und man muss Ihnen normalerweise nicht etwas mehrmals erzählen. Nur, mit den Emotionen hat es einiges Besonderes auf sich:

Gefühle sind handlungsanleitend, sie haben häufig einen größeren Einfluss, als manche meinen. Vieles ist nicht so, wie es manchmal auf den ersten Blick zu sein scheint.

Man könnte sagen, sie wirken sowohl als *Indikatoren*, *Motivatoren* wie als *Bremser* und bestimmen damit wesentlich den Verlauf des Veränderungsprozesses. Daher halte ich es für erforderlich, dem Thema Raum zu geben, und empfehle Ihnen, dass auch Sie der Wichtigkeit und der Art Ihrer Emotionen Aufmerksamkeit schenken.

An dieser Stelle möchte ich Ihnen psychologisches Grundwissen an die Hand geben, das für einige von Ihnen vielleicht »Emotionen« in einem neuen Blickwinkel erscheinen lässt. Es geht um einige grundlegende Informationen, deren Kenntnis für Ihren beruflichen Veränderungsprozess bedeutsam sein kann, da Sie eigenes oder fremdes Verhalten besser einordnen können.

Zum Hintergrund

WAS SIND GEFÜHLE?

Wir alle kennen ganz selbstverständlich Gefühle: Hass, Liebe, Furcht, Eifersucht, Schüchternheit ... Nur, was sind Gefühle eigentlich genau? Das weiß niemand so richtig. Eine einheitliche Antwort im Sinne **einer** Theorie gibt es nicht. Bei Gefühlen handelt sich um ein zutiefst subjektives Erleben, es sind die subjektivsten psychischen Erscheinungen überhaupt. Vielleicht werden Sie jetzt sagen: »Aber ich merke sie doch«, was mit anderen Worten bedeutet, dass die Gefühle immerhin der Introspektion (Eigenwahrnehmung) zugänglich sind. Die Antwort darauf lautet »ja« und »nein«.

Stellen Sie sich folgende Situation vor. Sie haben einen Kollegen. Immer wenn der Typ den Mund auch nur aufmacht, könnten Sie schon an die Decke gehen. Er macht Sie rasend. Da Sie bereits einige Erfahrung mit sich haben, entwickeln Sie die Vermutung, Ihre Reaktion könne etwas mit Ihrem Vater zu tun haben. Diese Art Wut haben Sie auch auf ihn gehabt. Sie betrachten Ihren Kollegen daraufhin einmal genauer. Und richtig, er hält die Zigarette so wie Ihr Vater und verzieht die Mundwinkel genauso. Letzteres hat Ihr Vater immer getan, wenn er Sie als Kind kritisierte. Wenn Sie etwas an der Situation ändern wollen, dann geben Sie sich und Ihrem Kollegen eine Chance. Dazu hilft es, genau hinzuschauen und sich bewusst zu machen: »Dieser Mann verzieht zwar die Mundwinkel wie mein Vater, doch er ist es nicht.«

Vielleicht entsteht nach und nach die Erkenntnis: »Er ist auch nicht wie mein Vater, er lächelt zwar leicht ironisch, aber er ist nicht darauf aus, mich zu demütigen.«

Dieses bewusst plakativ gewählte Beispiel zeigt, unsere gefühlsmäßige Wahrnehmung kann uns täuschen. Wenn wir uns gut kennen, unsere gefühlsmäßigen Reaktionen hinterfragen und einordnen können, dann können Gefühle für unsere Handlungen eine gute Leitlinie sein. Ansonsten besteht die Gefahr, dass Gefühle manchmal ausschließlich handlungsleitend sind: Ich spüre eine Wut auf den anderen und reagiere unreflektiert darauf.

Gefühle können beschrieben werden. Aufgrund der Komplexität ist das Herangehen der Psychologie noch weitgehend deskriptiv. Übereinstimmend geht man davon aus, dass Gefühle auf

- biologischen Vorgängen,
- kognitiven Überlegungen,
- gelerntem Verhalten,
- situativen Bedingungen beruhen.

Es handelt sich um ein Wechselspiel. Über die Art des Wechselspiels herrschen unterschiedliche Auffassungen. Wir können davon ausgehen, dass unsere Gefühle immer eine Erregungsgrundlage (wir sind aufgeregt) haben, sie besitzen Valenzen (Zuschreibungen), sie sind mit Vorstellungen (Eindrücken, Erinnerungen) bewusst oder unbewusst verbunden und werden unterschiedlich intensiv erlebt. Auf die gleiche Auslösesituation können wir verschieden reagieren.

Fazit: Gefühle entstehen im Zusammenspiel von körperlichen Funktionen, Gedanken, Überzeugungen, Erfahrungen, Bewertungen, gelernten Mustern und den jeweiligen situativen Bedingungen.

Allein die Aufzählung, welche Einflüsse an der Entstehung von Emotionen beteiligt sind, weist auf mögliche Wahrnehmungsverzerrungen hin. Auf dem Hintergrund gemachter Erfahrungen und Bewertungen aus der Vergangenheit nehmen wir die aktuelle Situation wahr. Wir spüren und merken zwar Gefühle, nur welche? Nicht immer entsprechen unsere gefühlsmäßigen Wahrnehmungen den eigentlichen Gefühlen.

So können wir uns unserer Gefühle nicht mehr so sicher sein, wenn wir gelernt haben, dass das, was wir wünschen, böse oder schlecht ist. Ein Kind, das nascht und dafür bestraft wird, kann sich dennoch freuen, ein anderes reagiert mit schlechtem Gewissen (Scham) und das dritte sogar mit Ekel auf Süßigkeiten. Die unterschiedlichen Verarbeitungen werden zum Teil generalisiert. Die lustbetonten Gefühle, die mit Süßigkeit verbunden sind, können mit Strafe gekoppelt sein und werden dann innerlich als gefährlich oder verboten erlebt. Bekannt ist auch folgendes Phänomen: Sexuelle Wünsche sind da, aber eigentlich sind sie verboten und werden daher innerpsychisch abgewehrt. Subjektiv wird die Erregung dann als Angst oder Aggression erlebt. Das grundlegende Bedürfnis nach Sexualität, Zärtlichkeit usw. wird gar nicht mehr wahrgenommen. In umgekehrter Richtung gilt Folgendes. Jemand wird über X wütend. Er hat (meist in der Kindheit) gelernt, Aggression sei etwas Verbotenes, Vernichtendes. Dann kann das subjektive Gefühl beispielsweise Schüchternheit, Gleichgültigkeit, sogar Zuneigung sein. Vereinfacht gesagt, das zugrunde liegende Gefühl wird vom Individuum als so gefährlich wahrgenommen, dass es zunächst gar nicht (mehr) dem Bewusstsein zugänglich ist. Es wird abgespalten.

Fazit: Gefühle unterliegen der eigenen Deutung und Interpretation.

Die Deutungen und Interpretationen sind beeinflusst vom gesellschaftlichen Kontext, in dem wir leben. Im Laufe der Zeit finden in der Gesellschaft Neubewertungen statt. Vor einigen Jahren war es vielen Betroffenen in unserem Land peinlich, wenn es zu einer Scheidung kam. Für die Geburt eines unehelichen Kindes haben sich viele Frauen geschämt. Das Umfeld hat emotional mit Abwehr, Verachtung, Rache oder Bestrafung geantwortet. Heute ist die Zweitehe im Trend, außereheliche Geburten sind üblich. Entsprechend anders sind die damit verbundenen Gefühle.

Fazit: Abhängig vom gesellschaftlichen Kontext bzw. von Neubewertungen können Gefühle sich wandeln.

Am Beispiel des Naschens wird deutlich, wie eine Situation unterschiedliche Gefühle erzeugen kann, und zwar gleichzeitig. Glück: Ich esse die Schokolade. Angst: Ich werde vielleicht dafür bestraft. Je nachdem, was im Vordergrund steht, fühlen wir uns eher glücklich oder ängstlich.

Fazit: Gefühle können ambivalent sein.

Wichtig für unseren Kontext ist weiterhin die Tatsache, dass Gefühle nicht nur von äußeren Bedingungen, sondern auch aus uns heraus evoziert (hervorgerufen) werden können. Menschen haben die Fähigkeit, allein schon aufgrund einer Vorstellung emotional alle physiologischen Reaktionen zu zeigen. *Versuchen Sie einmal sich vorzustellen, eine saure Zitrone zu lutschen. Beobachten Sie Ihre Reaktionen.*

Vergleichbares können Sie auch mit anderen Bildern erreichen. Das Phänomen kennen Sie vermutlich. Im sexuellen Kontext reicht häufig schon die Phantasie, oder?

Die Ausprägungen sind je nach emotionaler Qualität unterschiedlich. Aus einer vorgestellten Realität wird dann durch die erzeugten und erlebten Gefühlsqualitäten plötzlich die Realität.

Fazit: Gefühle können ergo allein durch gedankliche Vorstellungen produziert bzw. provoziert werden.

Bereits stammesgeschichtlich gesehen haben Menschen auf Neues und Fremdes, das sich ihnen näherte oder dem sie sich näherten, mit Aufregung reagiert. Aufmerksamkeit dem Unbekannten gegenüber war überlebensnotwendig. Je nach Vorerfahrung ging man ängstlich oder eher neugierig darauf zu. Das trifft auf uns immer noch zu. Je nach Erfahrungen sind wir Veränderungen gegenüber eher aufgeschlossen oder eher vorsichtig, bis hin zu Abwehr von Fremdem. Das ist unser gutes Recht, denn ein gebranntes Kind scheut schließlich das Feuer.

Wir sollten bedenken, dass durch eine Erwartungshaltung Gefühle produziert werden können. Besonders bekannt ist in diesem Zusammenhang die Erwartungsangst. Damit ist die Angst vor einem möglichen Ereignis oder dem negativ bewerteten Ausgang eines Ereignisses gemeint. (Ein Begriff, der im Zusammenhang mit Aktienbörsen mittlerweile gerne verwendet wird.)

Hier entsteht das Gefühl vor dem Eintritt des Ereignisses. Viele Untersuchungen belegen zusätzlich, dass eine negative Grundeinstellung im Sinne einer Erwartungshaltung »Das wird schlimm«, »Ich kann es nicht, das ist nicht überblickbar usw.« bedauerlicherweise wirklich eher zu negativen Ergebnissen führt. Man spricht von Selffulfilling Prophecy (selbst erfüllender Prophezeiung). Wohingegen umgekehrt positiv gefärbte Erwartungen uns ermutigen, uns dem Neuen zu stellen und es zu meistern.

**Fazit: Erwartungen prägen unsere Gefühle.
Gefühle steuern unser Handeln.**

Gefühle und Gefühlsqualitäten entscheiden

Wer isst gerne etwas, das ihm nicht schmeckt? Wer übernimmt freiwillig eine Aufgabe, der er sich nicht gewachsen fühlt? Wer kündigt den ungeliebten Job, wenn er davon ausgeht, dass er nie mehr einen neuen findet? Wenn es geht, werden wir versuchen, eine Situation, die uns Angst macht und unser Selbstwertgefühl infrage stellt, zu vermeiden. Wie entscheiden Sie sich, wenn Sie sich trotz vieler Gesprächsversuche mit Ihrem Partner langweilen? Die Entscheidung wird unterschiedlich ausfallen, je nach Loyalitäten, Angst oder Zutrauen in die eigene Zukunft.

So bedauerlich es für den einen oder anderen unter Ihnen klingen mag – nicht die Ratio bestimmt überwiegend Ihr Verhalten, sondern es sind die Gefühle. Gefühle wiederum unterliegen den unterschiedlichen Einflüssen.

Manche dieser Einflüsse kennen Sie vielleicht (noch) nicht, andere wie Ihr Selbstwertgefühl, das Verhältnis zu Familie und Freunden, Ihre Grundstimmung (eher ängstlich oder eher positiv) kennen Sie. Wieder andere können Sie kennenlernen. Ich denke da insbesondere an Gedanken, mit denen Sie eventuell eine Gefühlswelt erzeugen, die Sie einschränkt. Ausgehend von diesen beschriebenen Zusammenhängen gilt folgerichtig:

HINWEIS

Ihr Prozess der beruflichen Neuorientierung wird maßgeblich von Gefühlen begleitet und kann dadurch positiv oder negativ bestimmt werden. Auf Veränderungsprozesse reagieren viele Menschen verstärkt gefühlsmäßig. Gewohnheiten werden gestört und zerstört, sodass notwendigerweise oft (emotionale) Verwirrung die Folge ist.

Erst recht trifft das zu, wenn es sich um so etwas Zentrales wie die Veränderung der beruflichen Identität handelt. Dies ruft diverse Gefühle hervor, je nach Person und Erfahrung, und zwar in unterschiedlichem Ausmaß und unterschiedlicher Intensität.

Emotionen nutzen

Unabhängig davon, ob Sie Ihre Gefühle verstärkt spüren oder nicht, möchte ich Sie einladen, sich Ihre Gefühle zunutze zu machen. Wenn Sie Emotionen einordnen können, haben Sie ein effizientes »Handwerkszeug«, um Ihre *Gefühle als Wegweiser bzw. als Motivatoren* zu nutzen und zu benutzen. Sie können sich dann beispielsweise durch Ihre Gefühle schützen sowie beflügeln lassen. Sie können sich jedoch auch durch Gefühle behindert lassen. Neues werden Sie im letzteren Fall nicht versuchen, denn unbekannte Schritte werden aufgehalten.

HINWEIS

Für einen produktiven Umgang mit Gefühlen sollten Sie versuchen, folgende Haltungen einzunehmen:

- Gefühle ernst nehmen,
- Gefühle zulassen statt vor ihnen weglaufen,
- sich nicht von Gefühlen überfluten lassen,
- Situationen prüfen, um zu unterscheiden: Worauf reagiere ich mit meinen Gefühlen – auf die Realität oder auf Gedanken über die Realität?

Sie erhalten im Folgenden Anregungen, wie Sie diese Methode umsetzen können, und Informationen, welche emotionalen Reaktionen häufig auftreten und was Sie erwarten dürfen. Darüber hinaus gebe ich Ihnen eine Anleitung, wie Sie Gefühle, die Sie warnen und verunsichern, daraufhin überprüfen können, ob es gut ist, sich nach ihnen zu richten – weil Vorsicht wirklich angebracht ist –, oder ob Sie sich selbst mit den Gefühlen unbeabsichtigt austricksten. Sie erinnern sich, nicht alles, was wir fühlen, sind spontane, zuverlässige innere Antworten. Es ist wie mit den »inneren Stimmen«. Da glauben wir, es seien unsere eigenen Meinungen oder Einsichten, stattdessen haben wir sie jedoch übernommen oder gelernt. Analog können Sie sich das mit den Gefühlen vorstellen. Auch hier wirken beispielsweise gelernte Überzeugungen bzw. Erfahrungen, die wir als Kinder gemacht haben, in unser Erwachsenenleben – meist unreflektiert – fort.

Gefühle als Indikatoren

Themen kristallisieren sich heraus

Sollten Sie sich bereits in der Neuorientierung befinden, so haben Sie vermutlich wahrgenommen, dass Ihre emotionale Befindlichkeit wechseln kann. Sie befassen sich über längere Zeiträume mit gleichen oder ähnlichen Themen. Vielleicht geht es um Ihr Selbstwertgefühl, vielleicht interessiert Sie ein Thema wie Politik, Sprachen, Marketing usw. immer wieder. Vielleicht merken Sie aber auch gerade, wie sehr Sie durch Regeln geleitet sind, wie Ihre Ängstlichkeit oder Ihr Leistungsdruck sich immer wieder melden. Mit anderen Worten, Themen, seien sie inhaltlicher Natur oder persönlicher Art, beginnen sich herauszukristallisieren. Sie beschäftigen sich damit und Sie spüren (sich) eventuell vermehrt.

Manches ist Ihnen bekannt, anderes neu. Manches wird Ihnen mehr, anderes weniger gefallen. Wiederholungen sind normal. Sie müssen nicht ungeduldig mit sich werden. Denn: Sie brauchen Ihre Zeit, um neue Gedanken bezogen auf Ihre Person, wie z.B. Veränderung in der Selbsteinschätzung, zuzulassen und gegebenenfalls in Ihr Leben zu integrieren. Immerhin besitzen Sie plausible Hinweise, was für Sie relevant sein könnte. Das gilt sowohl für Aspekte, die Ihrer Entwicklung entgegenstehen, wie auch für solche, die Sie fördern. Die Beschäftigung mit diesen Überlegungen und Erfahrungen kann und wird unterschiedliche Gefühle und Gefühlsqualitäten in Ihnen auslösen.

Emotionales Hin und Her

Vielleicht sind Sie an einem Tag (oder an mehreren Tagen) hoffnungsfroh, gar euphorisch: Alles klappt, die Welt meint es gut mit Ihnen. Im Gegensatz dazu sehen Sie zu einem anderen Zeitpunkt das ganze Unterfangen eher skeptisch, sind schlecht gelaunt und sogar niedergeschlagen. Auslöser für die Stimmungsveränderung können Gedanken, aber auch akute Anlässe sein wie: Sie konnten Ihren Plan nicht umsetzen, waren zu langsam, jemand anders hat Ihr Anliegen abgelehnt etc. Dieses emotionale Hin- und Herpendeln ist nicht ungewöhnlich. Wie jeder andere Mensch brauchen Sie Zeit und Raum, um sich neu zu orientieren. Es handelt sich dabei um eine Notwendigkeit. Viele meiner Klienten sind wie Elke immer wieder unter Druck gekommen bzw. haben sich unter Druck gesetzt. Sehr direkt konnte ich spüren, wie hilfreich und entlastend es war, wenn ihnen bewusst wurde, ihre Gefühle sind *normal*. Daher noch einmal:

Die Prozesse, die durch eine berufliche Neuorientierung ausgelöst werden, werden oft (auch) als verunsichernd erlebt – und das sind sie auch. Veränderung bedeutet, sich mit Neuem auseinanderzusetzen, und das kann durchaus Angst und Aufregung auslösen. Emotionale Berg-und-Tal-Fahrten sind daher an der Tagesordnung.

Dieser Zustand geht vorüber. Später, wenn der Prozess abgeschlossen ist, dann wird es sein, wie in dem Abschnitt »Zurück bleibt nur ein kognitiver Eindruck« geschildert. Die Aufregung, die Zweifel werden nur noch Erinnerung sein.

Herausforderung: Verunsicherung

Verunsicherung zulassen

Sie verbringen vermutlich mehr Zeit als früher damit, sich bewusst mit sich selbst und Ihrer Umwelt zu beschäftigen und sich dazu in Beziehung zu setzen. Neue Erfahrungen, die Sie machen, erleben Sie als aufregend und anstrengend. Sicher Geglaubtes erweist sich als nicht mehr so sicher. Mehr noch, eine große Herausforderung besteht gerade darin, eben diese *Verunsicherung zuzulassen*.

HINWEIS

Bedenken Sie: Sie kommen aus dem alten Berufsfeld, sind im Noch-nicht-Berufsfeld und wollen in ein neues Berufsfeld. Sie befinden sich in einem Zwischenzustand, quasi in einem Niemandsland. Dieser Zustand ist nicht immer angenehm und kann durchaus Angst machen. Das ist normal.

Sie erleben Empfindungen, die im Prinzip jeden persönlichen Veränderungsprozess begleiten.

Verstärkte Emotionalität

Vielleicht zählen Sie zu denjenigen, die deutlich merken, dass sie empfindlicher werden, da dieser psychische Prozess berührbarer und sensibler macht. Klienten schilderten mir, dass sie sich so intensiv freuen konnten wie nie zuvor. Andere berichteten, dass ihnen plötzlich ohne ersichtlichen Grund die Tränen die Wangen herunterliefen. Etwas hatte sie emotional tief angesprochen. Das gilt als typisch für Umbruchprozesse.

Wenn wir so eine Chance ergreifen, eröffnen wir uns den Zugang zu uns selbst und zu unseren Sehnsüchten. Aus diesem Grund empfinden wir mehr. Wenn Sie Ähnliches bei sich feststellen sollten, so ist dies ein gutes Zeichen: Sie beginnen sich zu öffnen.

»Sie haben gut reden«, möchte der eine oder andere von Ihnen sicherlich gerne sagen, wenn sich zwischendurch Ängstlichkeit oder Ungeduld in Verbindung mit dem Gefühl, auf der Stelle zu treten, breit macht. »Mir rennt die Zeit davon.« »Ich lass' mich auf etwas ein – ohne Garantie. Wie kann man nur so etwas tun!?« Diese Gedanken fortgeführt, lassen sich bis hin zu Verelendungsphantasien steigern.

Sicherheit ist Illusion oder gedachte Risiken

Hier gilt ebenfalls: Sie sind nicht der Einzige, der sich solche Sorgen macht, weil er sich ohne Garantie auf den Weg macht. Überlegen Sie, eine Sicherheit kann man sich wünschen. Es kann sie aber nicht wirklich geben, denn Sicherheit ist immer nur eine Fiktion. Gewohnheit gibt uns vielfach die Illusion der Sicherheit. Wenn die Gewohnheit einen jedoch nicht mehr nährt, gehen die Starken (wie schon immer) hinaus in die Welt und schauen sich nach Nahrung um. Doch: **Ohne Risiko gibt es nichts.** Meistens stellt sich im Gegensatz zu den Auswanderungen unserer Vorfahren heraus, dass unsere Risiken mehr gedachte als reale sind.

Umgang mit Verunsicherung

Wenn Zweifel kommen

Das Appellieren an den Verstand hilft wenig, wenn wir uns so elendig fühlen, wenn die Angst uns überflutet, wenn wir nicht mehr schlafen können und wir uns im Extremfall »unter den Brücken schlafen« sehen.

Für den Umgang mit einer derartigen gedanklichen Realität schlage ich Ihnen vor, mit der folgenden Checkliste zu arbeiten. Sollten Sie eine Person Ihres Vertrauens haben, dann ist es sinnvoll, diese um Unterstützung zu bitten. Ansonsten geht es auch alleine. Sie brauchen Papier und Stift. Phantasieren Sie zuerst detailliert anhand folgender oder ähnlicher Fragen, wie der befürchtete Abstieg aussehen wird. Nehmen Sie sich ernst. Alle Gedanken, die auftauchen, sind erlaubt:

TEIL I: WIE KANN ICH KONSTRUKTIV MIT MEINER ANGST UMGEHEN?

Was ist das Schlimmste, was passieren kann? (Unterteilen Sie, wenn Sie wollen, in beruflich und privat.)

Was muss passieren, damit ich scheitere?

Wie sieht das Scheitern genau aus?

Werde ich »auf der Straße landen«? Was wird mir passieren?

Wie sehen meine diesbezüglichen Ängste aus? Phantasieren Sie Ihre Ängste aus, nehmen Sie meine Formulierungen als Beispiele für mögliche Tiefpunkte und formulieren Sie Ihre eigenen. Nehmen Sie Ihre Ängste und damit sich ernst: (Ich werde aus allen sozialen Bezügen fallen, meine Frau, mein Mann wird mich verlassen, die anderen lachen mich aus, ich bin isoliert. Ich lebe von der Hand in den Mund, ich werde nie mehr einen Job bekommen, ich werde »unter den Brücken landen« usw.)

____

____

Wie tief kann bzw. werde ich fallen? Tragen Sie auf einer Skala von 1-10 Ihren Tiefpunkt ein, nach dem Sie Ihn – wie oben angeregt – benannt haben. Wo auf der Skala befinden Sie sich jetzt?
Ich empfehle Ihnen jeweils die erste Zahl zu nehmen, die Ihnen einfällt.

____

Genauso veranschaulichend ist die Zeichnung einer Parabel (U-Kurve), bei der Sie die Verlaufspunkte markieren. Zeichnen Sie eine Parabel auf, wobei die linke Seite den absteigenden Ast und die rechte den aufsteigenden Ast darstellt. An welchem Punkt der Kurve befinden Sie sich jetzt?

____

Was wäre für Sie der tiefst mögliche Punkt?

____

Wie würden dann die Rahmenbedingungen, sprich wie Ihre Lebensbedingungen aussehen?

____

____

Wann werden Sie abbremsen? Gehen Sie bis zu Ihrem Tiefpunkt oder werden Sie dem Prozess einen anderen Verlauf geben? Mögliche Antworten: Wenn ich kein Geld mehr habe. Wenn ich nur noch für ein halbes Jahr ein finanzielles Polster habe, dann suche ich mir einen Job.

Ihre Antwort:

Auf welcher Höhe könnten Sie wieder einsteigen? Wie würden dann Ihre Lebensumstände aussehen?

Halten Sie Ihre Erkenntnisse schriftlich fest bzw. lassen Sie diese festhalten. Im zweiten Teil der Übung nehmen Sie anhand der unten stehenden Fragen eine Bewertung und Einordnung Ihrer Vorstellung vor:

TEIL II: WIE KANN ICH KONSTRUKTIV MIT MEINER ANGST UMGEHEN?

Wie realistisch sind meine Vorstellungen und Ängste?

Wen kann ich um Hilfe bitten?

Wie sehen meine Ressourcen aus (Freunde, Familie, Ersparnisse, frühere Erfahrungen …)?

Gibt es eine Art Notreißleine? Wie sieht diese aus?

Wann werde ich sie ziehen?

Woran merke ich, dass ich etwas in meinem Herangehen in Punkto Neuorientierung verändern muss?

Wie schaffe ich es, mich in Angst zu versetzen?

Was denke ich in solchen Situationen?
Kenne ich solche Gedanken von anderen Gelegenheiten?

Im Teil I der Checkliste haben Sie Ihre »Verelendungsphantasie« durchgespielt. Eventuell sind geheime Ängste zutage getreten. Sie haben jetzt Ihr *Worst-Case-Szenario* durchdacht und wissen relativ genau, was Ihnen Angst macht. Im Teil II haben Sie Ihre eigenen Befürchtungen bewertet und mögliche Handlungsalternativen gedanklich durchgespielt.

Wann immer Ihre Sorge Sie beschäftigt, besitzen Sie nun die schriftlich fixierte Betrachtung Ihrer Situation, einschließlich der Gefahreneinschätzung und Ihrer Ressourcen. Sie können sich Ihr selbst erarbeitetes Szenario dann vor Augen halten und zwischen berechtigten und »hausgemachten« Sorgen besser unterscheiden. Es kann zusätzlich unterstützend sein, den Abschnitt *Blockaden und Fallen* (vgl. S. 103 ff.) erneut zu lesen.

Anwendung in Übertragung auf andere Situationen

Das eben beschriebene Vorgehen kann natürlich in anderen Situationen ebenfalls angepasst angewandt werden. Wenn Sie glauben, dass Sie sich z.B. dem Treffen mit einem wichtigen Menschen oder dem Halten eines wichtigen Vortrags nicht gewachsen sehen, wenn Gedanken kreisen, mit anderen Worten: Wenn wir den Überblick verlieren bzw. immer mehr des Gleichen machen, kann es sich als erfolgreich erweisen, genau zu phantasieren, was geschehen könnte und welche Alternativen Ihnen zur Verfügung stehen. Manchmal erweist sich das Herangehen auch als vorteilhaft für wichtige Aktivitäten, die positiv besetzt sind. Sie können sich darüber mehr Sicherheit verschaffen.

Angst entsteht im Kopf

»Kopfkino«

Auf die Wahrnehmung einer konkreten Gefahr hin reagieren wir automatisch physiologisch mit Erregung. Wenn jemand mit gezücktem Messer auf uns losgeht, ist Furcht in der Regel das Alarmsignal, das uns in die Lage versetzt, zu kämpfen oder zu flüchten. In einem solchen Fall ist es klug, Furcht zu haben, denn es geht um unser Überleben.

Angst entsteht in unserem Kopf. Wir machen unser »Kopfkino« selbst.

Selbst wenn wir unsere Angst deutlich spüren, schwitzige Hände haben, kaum Luft bekommen, zittern usw., entstehen diese körperlichen Reaktionen aufgrund unserer Gedanken. Es ist wie mit der Zitrone, Sie erinnern sich? Wenn Sie sich ängstlich fühlen, dann überprüfen Sie: Wovor habe ich genau Angst? Was sind Gedankenspiele und was ist ganz real da? Nur wenn wir wissen, wovor wir Angst haben und worauf sie sich begründet, können wir auf uns Acht geben.

Das beschriebene Phänomen lässt sich auf alle anderen Gefühle übertragen. Wir können – wie bereits beschrieben – allein durch gedankliches Durchspielen von Situationen alle Gefühle spüren. Dabei reduzieren wir andere eventuell Beteiligte auf die Ebene von Statisten. Die anderen haben nämlich keine Ahnung von Ihren so erzeugten Gefühlen. Immer wenn Sie merken, dass Sie sich gefühlsmäßig in etwas hineinsteigern könnten, empfehle ich eine genaue Unterscheidung vorzunehmen:

Was ist Realität, was ist vermutete Realität und was können Sie einfach nicht wissen?

Steuern von Gedanken

Das Denken beeinflussen

Vielleicht leiden Sie mehr oder weniger heftig unter diesen Stimmungsschwankungen. Ich versichere Ihnen, das gehört wirklich alles zu Ihrem Veränderungsprozess dazu, damit eine neue berufliche Identität entstehen kann. Manchmal steht die Sorge im Vordergrund: Was wird werden? Das ist eine Überlegung, die ganz berechtigt ist, denn wir wissen es zu diesem Zeitpunkt noch nicht. Manchmal sehen wir eher die kleineren oder größeren Erfolge, dann treten die Sorge oder ängstliche Gedanken hinsichtlich der Zukunft in den Hintergrund. Sie haben jedoch Einfluss auf Ihr Denken und können Boden – sprich: Halt – holen, indem

Sie auf Ihre jeweiligen Gedanken achten. Nach kurzem Training wird es Ihnen leicht fallen, diese zu überprüfen. Sie kennen doch die Metapher »Das Glas ist halb voll, das Glas ist halb leer«. Beide Aussagen stimmen. Der Blickwinkel bestimmt die Wahrnehmung und damit die emotionale Befindlichkeit.

Wenn Sie durch Ihre Gefühle blockiert sind, dann können Sie sich helfen, indem Sie genau wahrnehmen, was Sie fühlen: körperlich wie emotional. Dadurch können Sie Ihre Gefühlslage besser einordnen.

WIE NEHME ICH EINFLUSS AUF MEINE GEDANKEN?

Was ist mein akutes Gefühl?

____

____

Welche Gedanken habe ich?

____

____

Was ist jetzt real (vorhanden)? (Hinweis: Was davon kann ich jetzt sehen, hören, fühlen, schmecken, tasten?)

____

____

Welche meiner Gedanken beziehen sich auf die Zukunft?

____

____

Was von dem, was ich jetzt oder in der Zukunft erwarte, ist sicher?

____

____

Was von dem, was ich jetzt oder in der Zukunft erwarte, glaube ich?

____

____

Was von dem, was ich jetzt oder in der Zukunft erwarte, weiß ich nicht?

____

____

Hat diese Betrachtung Einfluss auf meine Gefühle?

____

____

Was nehme ich jetzt im Augenblick ganz konkret wahr?

____

____

Die Liste soll Ihnen als Anregung dienen. Sie können erste Gedanken in die obige Liste eintragen, wenn Sie z.B. unterwegs sind. Ansonsten brauchen Sie in der Regel mehr Platz für Ihre Eintragungen. Nehmen Sie sich Zeit und beschreiben Sie genau. Das Aufschreiben hilft Ihnen, den Gedankenfluss zu strukturieren. Darüber hinaus können Sie so Ihre Wahrnehmung zusätzlich schärfen.

Gefühle als Motivatoren

Fördernde Gefühle

Natürlich kennen wir nicht nur behindernde, sondern auch fördernde Gefühle und Erfahrungen. Sie sind mit Freude, Spaß, Erfolg, Lob, Glück, Tüfteln, Herausfinden-wollen, Sich-messen-wollen u.v.m. verbunden.

Denken Sie nach: Wann fühlen bzw. haben Sie sich das letzte Mal richtig gut gefühlt? Wann, an welchem Ort und durch welche Fertigkeiten waren Sie für sich erfolgreich, haben sich an Ihrem Können, an Ihren Fähigkeiten gefreut – waren eventuell sogar stolz? Dabei ist es unerheblich, aus welchem Bereich die Erfahrungen stammen. Sie wissen sicherlich, wie es ist, eine Süßigkeit, die Sie an Ihre Kindheit erinnert, unerwartet im Mund zu verspüren. Wenn Sie an Ihren ersten schönen Kuss oder ein anderes wichtiges Ereignis erinnert werden, dann sind die damit abgespeicherten Gefühle, manchmal sogar die Gerüche, wieder präsent. *Wir fühlen in solchen Momenten wie damals.* Dieses Phänomen können Sie sich natürlich auch zu Nutze machen.

Auf Erfolg einstimmen

Versuchen Sie sich die Situationen vor Ihr inneres Auge zu holen, in denen Sie etwa stolz auf sich waren, sich über Ihre Leistung gefreut haben. Erinnern Sie sich auch an Erlebnisse, in denen Sie Schwierigkeiten bewältigt bzw. überstanden haben. Versuchen Sie sich zu erinnern, wie das Gefühl war. Sie haben positive Erlebnisse abgespeichert und haben sicherlich erfahren, dass Sie auch kompliziertere und komplexere Situationen und Anforderungen bewältigen konnten. Daran können Sie anknüpfen. Sie schaffen sich dadurch eine Art Hilfsseil, das Sie unterstützt, »dabeizubleiben« – selbst dann, wenn der erste Versuch nicht automatisch zum Treffer führt.

HINWEIS
Rufen Sie sich die Erinnerung an positiv bewältigte Aufgaben ins Gedächtnis. Versuchen Sie, die damit verbundenen Gefühle wieder zu aktualisieren. Dieser Vorgang wirkt motivierend, »dabeizubleiben«. Denn wir aktivieren die Erfahrung, dass wir Herausforderungen bewältigen können.

Landkarte Ängstlichkeit, Sorge u.Ä. werden Sie auf Ihrem Weg weiterhin genauso begleiten wie Freude, Aufregung oder Neugier. Die verschiedenen Gefühle sind gleichzeitig da und sind abrufbar. Sie wissen mittlerweile, mal stehen die einen Gefühle im Vordergrund und die anderen im Hintergrund und umgekehrt. Das Wissen darum kann Ihnen in unsicheren Situationen helfen, diese zu bewältigen. Dies ist Teil Ihrer *Landkarte*, die hier vorgestellt wird.

Ich habe die Erfahrung gemacht, dass es für den Erfolg ganz wichtig ist, eine solche Landkarte zu haben und immer wieder daraufzuschauen. Sonst verläuft man sich. Die Landkarte enthält Informationen über das, was die Betreffenden erwartet wie etwa potenzielle Risiken. Welche Erfahrungen wahrscheinlich sind, interessiert genauso, wie welche Nebenwirkungen möglich sind. Jeder weiß zwar, dass es immer noch anders kommen wird, als man sich das vorgestellt hat, aber die Grundorientierung ist da und Sie entwickeln Ihren individuellen Kompass. Dies macht sicherer. Wie Sie bestimmt bereits gemerkt haben, greife ich zur Veranschaulichung gerne auf Bilder zurück. Bei beruflicher Neuorientierung bietet sich für mich das Bild von einer Expedition, einer Entdeckungsreise an. Auf der Landkarte ist das Wichtigste eingezeichnet, es gibt jedoch keine markierten Wege. Expedition bedeutet, sich auf eine Reise in ein unerforschtes Land zu begeben. Wir haben uns zwar gut vorbereitet und vieles geplant, wissen aber nicht, was wir alles sehen und erleben werden und was sich uns in den Weg stellen wird. Auf einer solchen Expedition wird man sich zwangsläufig neu erfahren, man wird Umwege machen müssen, Stimmungsschwankungen ausgesetzt sein, alte Erfahrungen einbringen und neue Techniken entwickeln müssen.

HINWEIS
Überlegen Sie, welches Symbol, welches Bild Ihre berufliche Neuorientierung repräsentieren kann.

Unterstützung durch Symbole

Das kann für den einen eine Bergbesteigung sein, für jemanden anderen ist es die Urbarmachung eines Feldes, ein weiterer findet das Bild eines Tieres, das sich seinen Weg bahnt, für sich passend. Vielleicht haben Sie Lust, Ihr Bild/Symbol als Bild an die Wand Ihres Zimmers zu hängen oder in der Hosentasche im Portemonnaie bei sich zu tragen. So haben Sie Ihr Ziel und vor allen Dingen die Anforderungen und Ressourcen immer wieder direkt vor Augen.

Typisch für den Prozess ist, dass er sich selten Schritt für Schritt vollzieht. Meist ist der Tritt in den ersten Phasen eher an »Zwei Schritte vor, einer zurück« angelehnt. Diese Erfahrung musste auch Elke machen.

Alte Gefühle holen Elke ein

ELKE

Es war im Winter. Elke hatte das Gefühl, sie machte und tat, kam aber nicht voran. An einem grauen Januartag war sie mit ihrem Coach verabredet. Sie erzählte nach ihrer Aussage sachlich von ihren Aktivitäten der vergangenen vier Wochen. Plötzlich konfrontierte er sie damit, dass sie wütend sei, wütend darüber, dass die Welt so ungerecht zu ihr ist. Zunächst empfand Elke, dass das eine alberne Unterstellung sei. Geradezu kindisch. Wieso sollte sie wü-

tend sein? Sie hatte doch ihren Ausstieg selbst beschlossen. Außerdem konnte sie keinen wirklichen Grund benennen, der es rechtfertigte, »sauer zu sein«. Es lag doch alles an ihr. Niemand sonst trug doch die Verantwortung. Der Coach merkte an, dass sie jahrelang hart gearbeitet und sich stark für andere engagiert hätte. Er schloss seine Ausführungen mit ungefähr folgenden Worten: »Nun wissen Sie nicht, wie Ihre berufliche Zukunft aussehen soll. Eigentlich haben Sie das Gefühl, die Welt schulde Ihnen etwas.« Nach Elkes Schilderung hatte sie als erstes den Impuls, zu widersprechen. Nach und nach spürte sie, dass ihr Coach wie schon so oft recht hatte. Sie war wirklich immer noch heimlich wütend über vieles aus ihrem alten Betätigungsfeld. Gleichzeitig spürte sie den Druck (auch von ihrem Umfeld) und hatte auch selbst den Anspruch, sich für die neue berufliche Zukunft anzustrengen. Sie wusste, dass sie dem Rat des Coachs folgen und ihrer Wut Raum geben musste, um so Zugang zu ihrer Energie zu bekommen. Sie machte die Erfahrung, dass allein die Tatsache, dass sie sich dieses Gefühl eingestand, ihr die Lähmung nahm. Elke konnte wieder nach vorne blicken.

Diese Begebenheit aus der Geschichte von Elke zeigt, dass auch Sie darauf gefasst sein sollten, dass alte Wut und Kränkungen Sie in allen Phasen einholen können – und vermutlich auch einholen werden. Und das, obwohl Sie denken: »Das Erlebnis X ist für mich längst kein Thema mehr.«

Offensiver Umgang mit Gefühlen

Mit der Zeit werden Sie dies wahrscheinlich akzeptieren: Unsere Gefühle sind einfach da und wirken, egal, ob es passt oder nicht. Ignorieren oder unterdrücken ändert an diesem Tatbestand nichts. Aller psychischer Aufwand, um solche Erinnerungen und Gefühle von sich wegzuhalten, verlängert im Endeffekt den Prozess. Es ist daher vernünftig und klug, sich solchen Gefühlen nicht entgegenzustemmen. Wenn sich uns Gefühle erschließen, die uns bisher heimlich geleitet haben, haben wir eine Chance, offensiv mit ihnen umzugehen. Solange in uns Gefühle wie Wut,

Resignation, Trotz o. Ä. vorhanden und aktiv sind, wir uns diese aber nicht eingestehen, werden wir immer wieder das Gefühl haben zu stagnieren – wie Elke.

Keine Bewertung von Gefühlen

Sie sollten Ihre Gefühle nicht bewerten. Sie haben ein Recht auf alle Ihre Gefühle, denn was immer Sie fühlen, das ist für den jeweiligen Moment die Art (feindlich, gekränkt, hoffnungsfroh, beleidigt usw.), wie Sie sich zu Ihrer Umwelt in Beziehung setzen. Beachten Sie: **Gefühle brauchen keinen Berechtigungsschein!** Sicherlich gibt es auch verzerrte Einordnungen. Doch ob das der Fall ist, können Sie erst klären, wenn Sie Ihre Gefühle überhaupt kennen und zulassen. Wenn dieses Selbstverständnis für Sie schon zur Normalität gehört, dann überschlagen Sie den Text bis zur nächsten Überschrift.

Gefühlen Ausdruck geben

Für die anderen: Meine Empfehlung für den gesamten Prozess gilt auch hier – äußern Sie Ihre Gefühle, die Sie erleben, schreiben Sie Ihre Wut oder Ihre Freude beispielsweise auf. Sie erfahren viel über sich und es wird Ihnen einfacher fallen, mit sich und Ihrer Umwelt umzugehen.

Solche Empfehlungen sind diametral zum Leben vieler Menschen. Sie sind geübt, Gefühle nicht zu zeigen, negative Gefühle nicht zuzulassen, rational alles im Griff zu haben – insbesondere für viele Männer sind das gelernte und gelebte Selbstverständlichkeiten. Psychologisch gesehen handelt es sich allerdings in weiten Teilen um einen illusorischen Versuch, seine Gefühle zu beherrschen. Kognitiv verstehen die meisten Menschen das schnell, Sie sicherlich auch. Nur es fällt schwer, dies umzusetzen. Die meisten Menschen brauchen Zeit und müssen erinnert werden, diesen neuen Umgang mit sich und ihren Gefühlen auszuprobieren und einzuüben. Daher erinnere ich in diesem Text in unterschiedlichen Zusammenhängen daran. Manchen Menschen helfen Merkzettel, die sie gut sichtbar in ihrem Umfeld anbringen. So haben sie die Option bei Bedarf vor Augen.

HINWEIS
Es kostet Energie, wenn Sie gegen Ihre Gefühle angehen. Erlauben Sie Ihren Gefühlen, Platz zu nehmen. Nehmen Sie den Einfluss Ihrer unterschiedlichen Gedanken und körperlichen Reaktionen dazu ebenfalls wahr. Nur wenn Sie das zulassen, werden belastende Emotionen erfahrungsgemäß in den Hintergrund treten können. Ihre Energie wird wieder für anderes frei.

Das Leben kommt dazwischen

Man kann nicht alles planen

Auch in einer Umbruchphase kann es Ereignisse geben, die unsere Aufmerksamkeit verlangen, ja uns für längere Zeit anderweitig vereinnahmen können. Sie sind meist nicht planbar und gehören zum Leben. Sie erinnern sich noch an die Figur des Narren, der um die Relativität von Sicherheiten weiß? Wir haben feste Vorstellungen, und plötzlich wird alles (oder einiges) anders. Auch in einer Umbruchphase kann es zu Schwangerschaften, heftigen Verliebtheitszuständen, Krankheiten sowie zu Beziehungskrisen und Trennungen kommen. Vielleicht erhält Ihr Partner plötzlich ein Angebot, beruflich nach Amerika zu gehen, und dann – was tun?

Das Leben hat eben Vorrang. Solche Ereignisse stören uns, bringen unsere Pläne durcheinander. Wir können dabeibleiben, sie als störend einordnen und evtl. mit der Welt hadern. Diese Ereignisse stellen sich uns jedoch in den Weg und wir können die Herausforderung annehmen, uns zu positionieren. Warum also nicht die Chance nutzen und eine Zwischenbilanz ziehen? Was will ich eigentlich? Welche Prioritäten habe ich jetzt in meinem Leben? Wie soll meine Zukunft aussehen? Mit wem will ich mein Leben gestalten?

Sie werden vermutlich nicht umhinkommen, sich für die neuen Umstände Zeit zu nehmen. Auch dies wird Sie voranbringen. Meine persönliche wie professionelle Erfahrung hat mich gelehrt, dass (auch schmerzhafte) Umwege manchmal Voraussetzung sind, um zum eigenen Ziel zu kommen. Deutlich wird dies allerdings erst im Rückblick.

So leidvoll es ist, aber gerade Todesfälle oder schwere Erkrankungen können Anlass geben, Bilanz zu ziehen und sich in den Kontext seiner Familie zu stellen. Was ist für mich nachahmenswert? Was behindert mich in meiner Entwicklung? Wer oder was ist mir wichtig? Was möchte ich in meinem Leben? Auf was möchte ich nicht verzichten? Was sollen Menschen einmal über mich sagen? Dies sind beispielhafte Fragen, die auch den hier thematisierten eigenen Prozess weiterbringen. Immer wieder geht es um Ihren Weg, das Erkennen Ihrer Prioritäten, Werte und Möglichkeiten.

Auch Elke blieb während ihrer Neuorientierung von solchen Ereignissen nicht verschont.

Krankheit und Tod

ELKE

Elkes Mutter war seit Jahren aufgrund eines schweren Herzinfarkts geschwächt und wurde immer hilfloser. Ihr Vater pflegte seine Frau, war jedoch zunehmend überfordert. Professionelle Hilfe konnten sie nicht annehmen. Elke war für beide Ansprechpartner, litt mit ihnen und versuchte ihr Bestes. Sie wohnte jedoch mehrere hundert Kilometer entfernt. Ihre eigenen Aktivitäten traten in den Hintergrund. Im März starb die Mutter. Der Vater brauchte nun sehr viel Aufmerksamkeit. Elke konnte sich auf ihren Entwicklungsprozess nicht mehr gut konzentrieren und hatte zeitweise Schlafstörungen. Sie brauchte einige Zeit, bevor sie akzeptierte, dass sie ihrer Trauer Raum geben musste. Laut Elkes Bewertung hat sie in dieser Zeit viel über ihren Umgang mit Gefühlen gelernt. Sie wollte alles im Griff haben. Loslassen lernen, das war wohl das, was für sie anstand, meinte sie hinterher.

Lernen, was ansteht

Elke war einige Monate nur eingeschränkt fähig, sich auf ihren Entwicklungsprozess einzulassen. Erst als sie ihrer Trauer Raum gab, konnte sie die Gelegenheit nutzen, das Verhältnis zu ihrer Mutter neu zu bestimmen. Es ging daraufhin in ihrem gesamten Entwicklungsprozess weiter.

Sollten Sie mit unerwarteten Ereignissen, positiv wie negativ, konfrontiert werden, empfehle ich Ihnen, ebenfalls zu überlegen: Was steht an?

2.11. ZUSAMMENFASSUNG: DIE ERSTEN SCHRITTE

Was man tun, was man wissen und auf was man sich vorbereiten kann

Begonnen haben wir mit der Beschreibung von Umständen, die zum Ausstieg aus einer Tätigkeit nach einer längeren Berufszeit führen. Es folgte eine Liste möglicher Ressourcen für den anstehenden Prozess, die Sie für sich überprüfen sollten. Die vielen verschiedenen Aufgabenstellungen, denen wir uns in der Öffnungsphase gegenübergestellt sehen, habe ich dargestellt und dazu praktische Anregungen gegeben. Da eine neue berufliche Identität unverzichtbar mit einem persönlichen Entwicklungsprozess verknüpft ist, gibt es keine festen Regeln. Stattdessen ist aufgeführt und begründet, auf welche Eckpunkte Sie zu Beginn achten sollten und wo mögliche Fallen und Blockaden warten. Bei Bedarf wurde zum besseren Verständnis psychologisches Hintergrundwissen eingeführt. Praktische Tipps und Anregungen zum Umgang mit der Verunsicherung, die zu Veränderungsprozessen gehört, ergänzen diesen Teil. **Wann und was** für jeden Einzelnen von Ihnen relevant wird, bleibt notwendigerweise offen.

In der Öffnungsphase werden zentrale Prozesse, die für die Neuorientierung wichtig sind, in Gang gesetzt. Sie werden sich in den weiteren Phasen fortsetzen. Das erklärt die Ausführlichkeit dieses Kapitels. Die Beschreibungen und Informationen über die zugehörigen psychischen Prozesse und der konstruktive Umgang mit eventuellen Schwierigkeiten gelten für die anderen Phasen ebenfalls. In den weiteren Kapiteln wird zwar manches wieder aufgegriffen, doch im Kapitel Öffnungsphase können Sie Grundlegendes immer wieder nachlesen. Die Öffnung muss sowohl kognitiv wie psychisch zugelassen werden, damit die nächste Phase beginnen kann.

Im Weiteren wird modellhaft ein Entwicklungsprozess beschrieben, der wie die meisten Prozesse Zeiten hat, in denen er durch »Zwei Schritte vor, einen zurück« gekennzeichnet zu sein scheint. Plötzlich gibt es einen großen Sprung, anschließend geht es wieder mit kleineren Schritten weiter, zwischendurch haben wir den Eindruck, erneut auf der Stelle zu treten. Wie alle wissen, kommt man aber auch so ans Ziel.

HINWEIS

Da Sie auf der Suche nach Ihrem Weg sind, müssen Sie verschiedene Spuren verfolgen. Einige werden im Sande verlaufen, einigen werden Sie länger nachgehen und sie doch wieder verwerfen. Vielleicht werden Sie diese gemachten Erfahrungen später in einem anderen Zusammenhang wieder aufgreifen. Mit anderen Worten, dieses Hin und Her, dieses scheinbar Ziellose gehört nicht nur zu dem Prozess, sondern ist eine Voraussetzung, damit Ihre Entwicklung stattfinden kann. Ziel bleibt dabei: eine berufliche Identität zu finden, die im Einklang mit Ihren Wünschen, Fähigkeiten und Interessen steht.

3. SUCHPHASE

3.1. SPURENSUCHE

Breit gestreute Wahrnehmung

Zur Einordnung: Sie haben sich von Ihrer früheren Tätigkeit verabschiedet und schauen mit einem neuen Blick in die Welt. Ihre Wahrnehmung ist daher weniger zielorientiert und selektiv als noch vor ein paar Wochen oder Monaten. Auch jetzt interessieren Sie sich eventuell für Fachliteratur und kommen hoffentlich dazu, einige Artikel zu lesen, für die Sie vorher keine Zeit hatten. Die Wirtschaftsseite als ein Beispiel wird Sie weiterhin beschäftigen, nur, dass es jetzt nicht mehr so wichtig ist, wie es Ihrer ehemaligen Firma geht. Stattdessen fasziniert Sie ein kulturpolitischer Artikel weit mehr. Sie haben sich Zeit genommen, zu lesen, zu hören, Gespräche zu führen, Menschen, Gebäude, Plätze, Natur bewusst wahrzunehmen.

Die Haltung in der Öffnungsphase ist tendenziell absichtslos. Ein mögliches Bild dazu ist das eines Wales, der durch das Meer gleitet. Er nimmt Nahrung auf, indem er sich durchströmen lässt. Was er nicht braucht, scheidet er einfach wieder aus

Tendenziell absichtslose Haltung

Sie haben begonnen, die Welt neu auf sich wirken zu lassen. Andere Eindrücke wurden und werden möglich. Die Fragestellungen »Wie finde ich XY, was hat mir gefallen, wie fühlt sich z.B. Holz an, welche Formen sprechen mich an?« usw. unterstützen diese (neue) Wahrnehmung. Sie setzen sich zu dem, was Sie wahrnehmen, in Beziehung und positionieren sich dazu. Ein solches Herangehen ist unabhängig von Zeit und Ort und erfordert keinen großen Aufwand. Wenn Sie dies über einen längeren Zeitraum machen, werden Sie eine Idee bekommen von dem, was Sie ansprechen könnte bzw. was Ihnen wichtig ist. Vergessen Sie in dieser Zeit nicht, wichtige Erfahrungen in Ihr Buch zu schreiben. Oft wird eine Beobachtung erst beim Nachlesen bedeutsam.

Ideen nachspüren

Nun beginnt auch die Zeit, einzelnen Ideen nachzugehen und sich etwas intensiver mit ihnen zu beschäftigen. Sie wissen vermutlich noch nicht, in welche Richtung Sie »gehen« wollen, ob Sie die Branche, die Art der Tätigkeit, den Gegenstand der Arbeit oder alles drei wechseln wollen. Noch wissen Sie nicht, wie die Rahmenbedingungen (z.B. abhängig beschäftigt/selbstständig) dazu aussehen werden. Weiterhin gilt: Haben Sie keine Sorge! Es ist alles »im grünen Bereich«.

Zugang zu bisher verschlossenen Feldern

Im Zuge Ihres Prozesses haben Sie sich vielleicht auch schon für Bereiche, die Sie früher für unerreichbar oder langweilig hielten, interessiert. Zu manchem hatten Sie keinen Zugang, weil es Ihnen verpönt erschien. Sei es, weil es als zu sozial, zu künstlerisch, vielleicht aber auch aus früherer Sicht als nicht »politically correct« oder als moralisch fraglich galt.

Elkes Ausflug in die Business-Welt

ELKE

Große Firmen waren Elke auf dem Hintergrund ihrer Werte bis dahin suspekt gewesen. Andererseits interessierte sie sich seit Jahren für Organisationen und die Art, wie diese funktionieren. Im Rahmen ihres Entwicklungsprozesses hatte Elke die Freiheit gewonnen, sich solche »anderen Ecken der Welt« genauer anzuschauen. Sie nahm daher das Angebot eines Kollegen, ihn zu einem Training mit Führungskräften eines großen Konzerns zu begleiten und ihm zu assistieren, gerne an.

In der Fortbildungsstätte angekommen nahm Elke deutlich die Unterschiede zu den Bereichen Gesundheit und Soziales wahr. Das galt auch schon für die ganze Atmosphäre des Hauses, die durch die Lage wie durch die Architektur an sich bestimmt wurde. Elke hatte schon immer ein Faible für gute Architektur und ihre Wirkung auf das Verhalten von Menschen. Daher nahm sie auch die räumliche Gestaltung so bewusst wahr.

Die Fortbildungsstätte war landschaftlich eingepasst, die Materialien aufeinander abgestimmt, Holz und Glas bestimmten die Atmosphäre. Die Durchwegung des Hauses war so geplant, dass sich immer wieder Treffpunkte für Begegnungen eröffneten. Sauna, Fitnessraum und Pool, harmonisch ins Ganze eingefügt, gehörten selbstverständlich zur Ausstattung. Entsprechend gut war auch die Infrastruktur für Trainings und Meetings. Das Essen war schmackhaft, die Mitarbeiter freundlich. Elke merkte: Ihr gefiel das, was sie sah. Unter solchen Bedingungen wollte sie öfters arbeiten. Sie machte neue Beobachtungen. So stellte sie fest, dass sich Status- und Hierarchieunterschiede offensichtlich nur durch Zimmerlage und -größe widerspiegelten. In dem zweitägigen Seminar gewann sie einen kleinen Einblick in die Kultur eines Großunternehmens und konnte einige Vorurteile revidieren.

Sie merken schon, der Bericht konzentriert sich auf scheinbare Nebensächlichkeiten. Ich habe diese ganz bewusst aufgenommen, um Sie zu ermuntern, in dieser Phase alles aufzuschreiben, was Ihnen auffällt. Ob etwas von Bedeutung ist, stellt sich oft erst später heraus. Es ist nicht zufällig, was wir wahrnehmen und was nicht.

Elkes Fazit sah folgendermaßen aus:

- Sie konnte mit diesem Personenkreis arbeiten, die Arbeit hatte ihr Spaß gemacht.
- Gute Arbeitsbedingungen wurden ihr wichtig.

- Was sie gesehen und gehört hatte, bestätigte sie in der Einschätzung, dass Freiraum und Einfluss in einer großen Organisation schwer zu bekommen und der Preis dafür hoch war.
- Werte und Sinn der Tätigkeit spielten – wie erwartet – nur bedingt eine Rolle, obwohl es Führungskräfte gab, denen dies wichtig zu sein schien.

Protokollieren und bewerten

Protokollieren Sie Ihre Erkundungen und ziehen Sie Ihre (vorläufigen) Schlussfolgerungen wie Elke. Ziel ist es, durch Positionierung und Differenzierung herauszufinden: Was gefällt und was nicht? Was ist zentral für Sie, was nachrangig?

Sie haben in dieser Phase die Aufgabe, Bereiche, die für Sie bisher fremd sind, näher anzuschauen. Die Welt hat viele Ecken. Also, wenn Sie Neugier verspüren, ein Feld näher zu betrachten, dann nehmen Sie Kontakt zu Menschen auf, die das Feld kennen oder die zumindest direkt oder indirekt dazu Zugang haben. Das erweist sich in der Regel als gar nicht so schwer.

WIE ERFAHRE ICH ETWAS ÜBER ANDERE BERUFSFELDER?

Arbeitet jemand aus meinem Bekanntenkreis in diesem Bereich? Kann ich ihn befragen bzw. um die Herstellung eines Kontaktes bitten?

____

____

Hat jemand aus meinem Bekanntenkreis Zugang zu einer Person, die in diesem Bereich tätig ist, und kann einen Kontakt herstellen?

____

____

Stehen die Firmen bzw. Institutionen im Internet?
Was kann ich dem Internetauftritt entnehmen? Was spricht mich an? (Bei Interesse: Rufen Sie an und lassen Sie sich zunächst Informationsmaterial schicken.)

Was möchte ich wissen/erfahren? (Stellen Sie Ihre Fragen zusammen.)

Welcher Ansprechpartner (Mitarbeiter) ist geeignet, meine Fragen zu beantworten? (Rufen Sie an, fragen Sie nach)

Wer ist zuständig für eine Betriebsführung?

Wo habe ich Lust zu hospitieren? (Nehmen Sie Kontakt auf.)

Wo gibt es Menschen, die eine Tätigkeit ausüben, die ich gerne auch machen möchte?

Wen kann /möchte ich interviewen?

Gibt es Quereinsteiger in einem Bereich, der mich anspricht? (Nehmen Sie Kontakt auf.)

Nach dem ersten Schritt neu entscheiden

Diese Checkliste enthält nur Vorschläge für die ersten Schritte, um sich einer neuen Berufsbranche zu nähern, die Ihre Aufmerksamkeit auf sich zieht. Sie entscheiden jeweils neu, ob Sie es bei der Überlegung belassen, nach dem ersten Kennenlernen aufhören oder weitermachen, d.h. mehr Aufwand hineinstecken, um das Terrain zu erkunden. Ich empfehle Ihnen: Achten Sie auf Ihre Energie, auf Ihr Interesse und wie lange es anhält. Denken Sie an die Bedeutung des Wortes Interesse (dabei sein).

HINWEIS
Machen Sie es sich zur Regel, sich Rechenschaft abzulegen: Wann und wo bin ich mit meiner Leidenschaft dabei?

So behalten Sie den Überblick

Je mehr Sie auf Ihre Reaktionen achten, umso feiner und genauer wird Ihre Wahrnehmung für Ihre Wünsche und Bedürfnisse. Dazu gehören physiologische Reaktionen wie z.B. Aufregung in Form von Schweiß, Kribbeln genauso wie emotionale Antworten in Form von Abwehr, Neugier, Langeweile etc. Sie sind Ihr eigenes Messinstrument, das wie jedes andere auch fein justiert werden muss. Halten Sie Ihre Beobachtungen wiederum in Ihrem Buch fest. Auch hierbei handelt es sich um einen eigenen Lernprozess: Durch verstärkte und genaue Selbstwahrnehmung gewinnen Sie mehr Informationen für Ihr Handeln.

3.2 ANDERE FRAGEN – KONTAKTE KNÜPFEN

Solange wir in beruflichen Funktionen und Rollen unterwegs sind, erscheint es vielen relativ einfach, auf andere zuzugehen. Wenn wir auf uns allein zurückgeworfen sind, wird es für viele (nicht für alle) dementsprechend schwieriger. Das haben vielleicht einige von Ihnen an sich schon erfahren. Es handelt sich wiederum um eine neue Erfahrung, die neues Lernen erfordert. Gehen Sie auf andere Menschen zu. Sie wollen sich informieren und haben Fragen. Das allein ist für die meisten Ihrer Gesprächspartner Grund genug, Ihnen zu antworten. Manch einer wird sich vermutlich sogar erfreut zeigen, dass Sie sich für ihn und seine Arbeit interessieren.

Eventuelle Hemmungen und Scheu sollten Sie auf keinen Fall davon abhalten, sich mit unbekannten Menschen in Verbindung zu setzen. Vielleicht lesen Sie einen interessanten Zeitungsbericht, vielleicht ein Buch. Sie wollen etwas wissen, Sie haben eine andere Meinung zu einem Thema als der Autor, Berichterstatter etc. Warum also nicht eine E-Mail schicken, in der Sie sich und Ihr Anliegen deutlich machen und so ins Gespräch kommen. Meine Erfahrung ist: Selten wird man zurückgewiesen.

Hartnäckigkeit als Indikator

Manchmal erweist es sich als lohnend, hartnäckig zu sein, vielleicht erhalten Sie beispielsweise eine Weiterempfehlung an einen Kollegen. Hartnäckigkeit in eigener Sache können Sie als relativ sicheres Zeichen für vorhandene Energie einordnen.

Sie befinden sich auf dem Weg. Wie Sie wissen, besteht die Herausforderung dieser Phase darin, dass Sie Situationen und Menschen aufsuchen, bei denen Sie ein Interesse spüren. Über Versuch und Irrtum (trial and error) finden Sie heraus, was Sie wirklich anspricht. Gehen Sie davon aus, dass jeder Versuch eine Bereicherung ist. Egal, wie das Ergebnis aussieht: Sie wissen hinterher immer mehr und Ihre persönlichen Kriterien werden immer klarer. In diesem Sinne machte auch Elke ihre Erfahrungen:

Versuch und Irrtum

Mensch als Marke – eine Spur, die im Sand verlief

ELKE

Elke hatte einen Bericht über eine Tagung an einer Hochschule zu den Themen Marketing und Werbung gelesen. Ein spezieller Artikel sprach sie dabei besonders an. Er handelte von einem erfolgreichen Werbefachmann, der aus der Werbebranche ausgestiegen war, da ihm irgendwann der Sinn in seiner Tätigkeit fehlte. Mittlerweile bot er Trainings für Firmen, Handwerksbetriebe usw. an und vermittelte seine Erfahrung an Studenten. Elke vermutete einen Gleichgesinnten, zumal er zitiert wurde mit Sätzen wie: »Niemand soll sich verkaufen, sich an einen Markt anpassen.« Sein Herangehen lautete demnach stattdessen: »Was kannst du einbringen?« Elke wollte mehr über diesen Umsteiger wissen. Zunächst mailte sie eine Zeit lang mit dem Betreffenden und informierte sich im Internet über ihn. Seinen Internetauftritt empfand sie als gekonnt. Elke war insgesamt beeindruckt und neugierig, diesen Mann zu treffen. Sie traf sich mit ihm in einem Café. Er erzählte viel von sich. Ihr fiel auf, dass ihm »namedropping« offensichtlich wichtig war. Weiter berichtete ihr Gesprächspartner, wie er es schaffte, passend mit den »richtigen« Leuten im Aufzug zu sein, um die Visitenkarten auszutauschen. Darauf könnte man sich dann berufen. »Worauf« war ihr nicht so schlüssig. Bereits während des Gesprächs bemerkte Elke, dass vieles, was ihr der ehemalige Werbefachmann erzählte, nicht stimmen konnte. Die ausführlichen Erklärungen seines Selbstverständnisses und seines Herangehens bestanden aus vielen Versatzstücken. Zwar klangen sie gut, aber bei näherer Überprüfung hielten sie den erklärten Ansprüchen nicht stand. Er schien daran zu arbeiten, »eine Marke«, vielleicht gar ein »Guru« zu werden. Dazu versuchte er, sich unverwechselbar zu machen – und sich wie ein Produkt auf den Markt zu bringen. Der Rest waren wohl Werbeslogans.

Elke schrieb erneut das Erlebte auf. Das Gespräch war durchaus sehr informativ gewesen. Sie hatte festgestellt:

- *Die Selbststilisierung zu einer Marke war ein Weg, wie Menschen ihr Geld verdienten. Dieser entsprach ihr auf keinen Fall.*
- *Sie war ihren eigenen Projektionen (gleichgesinnt, Aussteiger, Werteorientierung) aufgesessen.*
- *Genaues Hinhören bzw. Hinterfragen waren unverzichtbar, um z.B. herauszufinden: Nicht überall sind Werte »drin«, wo sie vorgegeben werden.*
- *Es fiel ihr leicht, Widersprüche zu erkennen. Sie konnte sich im direkten Umgang auf ihre Menschenkenntnis verlassen.*

Diesen Kontakt legte Elke zu den Akten.

Elkes hier geschilderte Erfahrungen sind eine Aufforderung an Sie, mutig zu sein und sich die Ecken, die Ihnen gefallen, näher anzuschauen. Hören Sie genau hin, fragen Sie genau nach. Nutzen Sie die Chance und schreiben Sie so spontan wie möglich Ihre Beobachtungen auf. Erzählen Sie Menschen, denen Sie vertrauen (gute Ratgeber), von Ihren Beobachtungen. Machen Sie sich bewusst, wie Sie sich in der Situation gefühlt haben.

»Sexy« ist der Augenblick

Aktiv Kontakte knüpfen

Wenn Sie Augen und Ohren offen halten, können Sie an vielen Orten interessante Menschen kennenlernen. Ich denke beispielsweise an Zug und Flugzeug, vielleicht auch an Begegnungen im Gartenlokal. Selbstverständlich sind auch Tagungen, Seminare und die sich häufig anschließenden informellen Runden immer wieder eine Möglichkeit für Kontakte.

Wenn Sie die Bekanntschaft mit einer Person gemacht haben, die Sie für interessant oder wichtig halten (z. B. den Redner/die Rednerin des Abends), dann sorgen Sie dafür, dass Sie den Kontakt erhalten, im Sinne von »Ich melde mich bei Ihnen, ich schicke Ihnen X zu«.

Den Moment nutzen

Nach meiner Erfahrung ist es wichtig, sich schnell zu melden, denn »sexy« ist nur der Augenblick. Die Faszination ist oft kurz und kann nur aufrechterhalten werden, wenn möglichst zeitnah ein erneuter Kontakt zustande kommt. Dieser kann durchaus zunächst über Telefon, per E-Mail o. Ä. erfolgen. Fortbildungen und andere themenspezifische Veranstaltungen sind Anlässe für zufällige Bekanntschaften und Möglichkeiten, Menschen mit ähnlichen Interessen zu treffen, ohne dass zunächst eine Verbindlichkeit besteht. Die angenehme Atmosphäre oder Verbindung, die sich einstellen kann, verblasst schnell. So kommt es zu dem Phänomen, dass wir eventuell dem anderen am gleichen Abend noch als Herr oder Frau Müller im Gedächtnis sind, mit denen er ein angenehmes Gespräch hatte, zwei Wochen später jedoch sind wir irgendein(e) Herr oder Frau Müller, denen man mal begegnet ist. Je beschäftigter und bedeutender der andere ist, umso wahrscheinlicher ist es, dass Sie dann in der Alltagsroutine untergehen. Natürlich kann es sein, dass Sie so beeindruckend waren, dass dies kaum eine Rolle spielt – doch wird das nicht immer der Regelfall sein.

HINWEIS
Eine solche Konstellation kann für Sie ungewohnt sein, gerade dann, wenn Sie vorher in Ihrem Feld die andere Position innehatten. Also scheuen Sie sich nicht, relativ schnell einen Kontaktfaden aufzunehmen. Aus Höflichkeit oder aus falsch verstandenem Stolz zu warten, ist erfahrungsgemäß kontraproduktiv.

Eine Volksweisheit sagt: »Schmiede das Eisen, solange es heiß ist.« An dieses Motto sollten Sie sich halten. Sie sind in der Suchphase. Wann immer Sie etwas fasziniert, machen Sie sich auf die Suche nach Ansprechpartnern, die mehr davon wissen und Ihnen Auskunft geben können.

Alte Kontakte beleben

Weiterhin sollten Sie nicht versäumen, frühere Kontakte, falls Sie die vernachlässigt haben, wiederzubeleben. Suchen Sie die betreffenden Personen wieder auf. Machen Sie sich eine Liste mit Namen von Menschen, zu denen Sie eigentlich mal einen guten Draht hatten und zu denen der Kontaktfaden gerissen ist. Meist kann man ihn wieder knüpfen.

Auftreten in eigener Sache

Beziehungspflege für Skeptiker und Schüchterne

Sie sind wie alle anderen auf der Suche, Sie sind der Fremde, der Neue, der vielleicht für die anderen nicht so wichtig ist.

Auf den entscheidenden Unterschied zwischen dem Agieren aus einer Rolle und Funktion heraus und dem Auf-sich-gestellt-Sein habe ich bereits hingewiesen. Es ist für die meisten Menschen ungewohnt, für sich aufzutreten. Selbst diejenigen, die vorher selbstständig waren, standen für ein bestimmtes Produkt, für eine Dienstleitung oder Vergleichbares. Das können Sie noch nicht vorweisen. Dennoch kommen Sie natürlich nicht umhin, Kontakte zu knüpfen und zu pflegen.

Um Missverständnissen vorzubeugen: Ich will Ihnen nicht raten, aus Berechnung Kontakte aufzubauen. Ich persönlich halte nichts davon, Beziehungen mit Menschen zu unterhalten, die ich eigentlich ablehne, uninteressant finde oder die mich langweilen, nur weil sie eventuell von Nutzen sein könnten. Mit dieser Haltung stehe ich nicht alleine da, und manch einer von Ihnen sieht dies wahrscheinlich auch so.

Für Leser, die der Beziehungspflege skeptisch gegenüberstehen: Beziehungen zu knüpfen und zu pflegen ist prinzipiell nichts Schlechtes. Niemand verlangt, dass Sie sich verbiegen. Bei den meisten Menschen kommt schlichte Anbiederung sowieso nicht gut an. Sie wird genutzt, aber der Betreffende nicht geschätzt. Bei einer Neuorientierung brauchen Sie Zugang zu vielen Menschen.

HINWEIS

Beherzigen Sie jedoch: Sie wissen noch nicht, wer für Sie alles hilfreich sein kann. Versuchen Sie offen und mit Interesse auf andere Menschen zuzugehen.

Was heißt Kontaktpflege eigentlich?

Fast alle Menschen können Ihren Blick bereichern, da sie direkt oder indirekt einen anderen Teil der Welt besser kennen als Sie. Ich meine eben *nicht* strategisch geplantes Kennenlernen, sondern Kontakte, die von Interesse und zufälligen Begegnungen geleitet sind.

Alte Volksweisheiten helfen manchmal, den Blick zu weiten. Aus diesem Grunde setze ich sie – wie Ihnen sicher schon aufgefallen ist – gerne in meiner Arbeit ein. Eine wichtige, oft und vielseitig anwendbare Redewendung lautet: »Man weiß nie, wofür etwas gut ist.« Und richtig, oft fügen sich Situationen erst im Nachhinein zusammen. Dies gilt auch für den Aufbau von Beziehungen.

Angenommen Sie lernen jemanden neu kennen und empfinden ihn sogar als einen angenehmen Gesprächspartner. Es stellt sich aber heraus, dass er leider Reiseleiter und damit in einer Branche tätig ist, die Sie eigentlich nicht interessiert. Spätestens an dieser Stelle sollten Sie sich an die besagte Volksweisheit erinnern und den Kontakt nicht einfach versanden lassen, denn: Sie wissen nicht, wie diese Beziehung sich entwickeln kann. Vielleicht ist der Ansprechpartner, den Sie brauchen, mit ihm im gleichen Elternverein aktiv? Vielleicht kann er besonders gut Theaterkarten organisieren? Vielleicht ist er ein guter Zuhörer und hat einen ähnlichen Humor wie Sie? ... Sicherlich hat der eine oder andere von Ihnen bereits erlebt, dass manche Sekretärin eine der wichtigsten Informationsquellen eines Unternehmens sein kann und ihr Einfluss häufig größer ist, als viele denken.

Zufällige Begegnung

ELKE

Elke saß mal wieder in ihrem kleinen italienischen Feinkostlokal und las eine Zeitung. Am Nachbartisch unterhielten sich ein Mann und eine Frau. Elke saß dicht dabei und konnte das Gespräch mithören. Sie verstand, dass Beratung das Metier der beiden war. Sie beschloss, sich einzuklinken, ein angenehmer Plausch folgte. In dessen Verlauf stellte sich heraus, dass sie einen gemeinsamen Bekannten hatten, den alle drei schätzten. Nun wurde Elke zur interessanten Gesprächspartnerin.

Elke hatte in diesem Zusammenhang eine typische Erfahrung gemacht. Gemeinsamkeiten, wie die Bekanntschaft von positiv eingeschätzten Dritten, verändern die Gesprächsatmosphäre. (Übrigens, das ist nicht automatisch abhängig von Stellung und Rang.) Ihr Gegenüber wird in der Regel offener mit Ihnen umgehen. Ihnen wird es (noch) einfacher fallen, das Gespräch zu führen. Sie haben dadurch eine Art Eintrittskarte erhalten.

Geben und Nehmen

Zur Pflege von Kontakten sei kurz darauf hingewiesen, dass Beziehungen immer aus Geben und Nehmen bestehen. Um Missverständnissen vorzubeugen: Dies meint weder »Du musst für alles bezahlen« noch »Pflege Deine Kontakte aus Berechnung« noch »Karrieren basieren auf Vitamin B (Beziehung)« nach dem Motto: »Nur wenn man jemanden kennt, der wichtig ist, kommt man weiter.« Ganz im Gegenteil, Kontaktpflege, neudeutsch: »Networking«, wie ich sie hier verstehe, setzt bei normalem kontaktvollem Verhalten an.

Ein guter Kontakt ist nie einseitig, denn dieses System basiert auf dem Grundgedanken: Das Wohl des anderen ist letztendlich auch meines und umgekehrt. Die Idee des »Networking« geht über die Ansammlung von Einzelkontakten hinaus. Wir werden Teil eines Netzwerkes, in dem in der Regel ein fein ausbalanciertes System des Gebens und Nehmens herrscht. Mehrere Menschen gemeinsam verfügen über mehr Ressourcen als ein Einzelner. Jeder bringt seine Fähigkeit und Verbindungen ein und alle Beteiligten profitieren davon. Anders formuliert: Es handelt sich um Tauschgeschäfte im Rahmen einer Gruppe, einer Subkultur, eines Berufsstandes und so fort. Viele sind Teil verschiedener offizieller und inoffizieller Netzwerke.

Die Basis ist immer »Win-win«

Sie haben vermutlich Ihr Netzwerk. Gehen Sie in Gedanken die Namen der Personen durch, zu denen Sie Kontakt haben. Es erweist sich als ratsam, wieder eine Liste in Ihrem Buch anzulegen. Gehen Sie davon aus, dass Sie grundsätzlich etwas in solche Kreisläufe einzubringen haben. Gestalten Sie Ihre Beziehungen auf der Basis von »Win-win«, d.h., jeder profitiert von dem

Kontakt. Achten Sie beispielsweise darauf, welche Themen für Ihr jeweiliges Gegenüber interessant sind, welche Hobbys ihn interessieren. Vielleicht fällt Ihnen ein Artikel zu einer bestimmten Problematik in die Hand, vielleicht kommen Sie leicht an Theaterkarten, die jemand anderes dringend sucht, usw.

Beziehung hat viel mit »sich auf jemanden beziehen« zu tun. Das bedeutet im eigentlichen Sinne die Anwendung der viel zitierten Soft Skills.

Authentisch sein

In der Art, wie Sie mit anderen Menschen umgehen, zeigen Sie viel von sich. Andere machen sich Bilder über Sie, darüber, wie vertrauenswürdig, zuverlässig, verschwiegen, humorvoll, gebildet, souverän, handfest, strukturiert usw. Sie sind.

Aus der Vielzahl der aufgezählten Eigenschaften wird wiederum deutlich, dass es nicht darum gehen kann, es jemandem recht zu machen. Das können Sie gar nicht, denn Sie kennen die Bilder und Kriterien der anderen in der Regel nur unzureichend. Darüber hinaus werden Verhalten und Eindrücke je nach Person und Situation unterschiedlich eingeschätzt. Wenn Sie achtsam mit sich und anderen umgehen, werden Sie auf Personen treffen, die Ihre spezielle Art und Ihre Fähigkeiten zu schätzen wissen. Vielleicht sind es Menschen, mit denen Sie sich zusammenschließen und gemeinsam eine Perspektive entwickeln, vielleicht besteht die Unterstützung darin, Sie an einen Bekannten weiterzuleiten, der wiederum als Türöffner fungiert, vielleicht werden Sie Freunde, vielleicht beschränkt sich der Kontakt auf gelegentliche Telefonate oder auf das Wissen, an welchem Platz jemand agiert. Beziehungen sind also nur bedingt planbar.

Beziehungskapital

Egal, wie gut Sie sind, Sie brauchen vermutlich an irgendeinem Punkt Hilfe bzw. jemanden, der bereit ist, Ihre Ideen zu fördern, Sie jemandem vorzustellen, zu empfehlen oder für Sie zu bürgen. Beziehungen aufzubauen und zu pflegen bedeutet, eine Währung, eine Form von anderem Kapital anzusparen, das Sie Ihrem Ziel näher bringen kann. Sie sind eine Möglichkeit, ein nützlicher Teil von einem System zu werden und eine neue Form von Zugehörigkeit aufzubauen. Ihre Neuorientierung gibt Ihnen einen Grund, Menschen aktiv aufzusuchen und neue Kontakte zu schließen. Normalerweise ist dies, wenn man dreißig oder vierzig Lebensjahre überschritten hat, nicht ganz üblich und einfach. Aber: Es kann wirklich Spaß machen!

Und wieder: Verunsicherung

Immer wieder wird es Zeiten geben, in denen Sie verunsichert sind, mit sich ungeduldig werden und erleben, dass Sie sich unter Druck fühlen. Das macht keinen Spaß. Dieser Druck wird sowohl von außen an Sie herangetragen (»Weißt du immer noch nicht, was du willst?«), er kommt aber auch von innen (»Ich müsste doch längst wissen, wo ich hin will!«).

Verzweifelt bemüht man sich um Klarheit und merkt doch, man kann »es« noch nicht fassen. »Es« kann noch keine Gestalt annehmen. Sicherlich besteht die Versuchung, irgendeine Beschäftigung anzunehmen und irgendetwas zu machen. Dies würde vermutlich eine Unterbrechung des Prozesses bedeuten. Bei einem Entwicklungsprozess entsteht oft der Eindruck, auf der Stelle zu treten. Scheinbar tut sich nichts. Doch dies trifft nicht zu. Es ist bildhaft gesprochen wie mit dem Samen oder einer Blumenzwiebel in der Erde: Man sieht nichts. Aber plötzlich kommt eine zarte, hellgrüne Pflanze aus der Erde, die dann auch bald »blühen« wird, wenn man sie pflegt.

Die Idee der Rose ist schon da, wenn der Samen für uns noch unsichtbar im Boden ist und wir verzweifelt nach ihr Ausschau halten.

Zunächst wird jedoch vom »Auf-der-Stelle-Treten«, von Bemühungen, sich für eine Richtung zu entscheiden, von neuerlichen Blockaden und möglichen Lösungen die Rede sein.

3.3. VON »PUZZLESTÜCKEN« UND BLOCKADEN

Ein Raum mit vielen Türen

ELKE *Es war Mai, Elke war ungeduldig mit sich. Ihre Weiterbildung war abgeschlossen. Sie fand, dass sie langsam einen Entschluss fassen müsste, wohin es gehen sollte. Zu ihrer Verzweiflung konnte sie das jedoch nicht. Noch war sie nicht so weit. Auf Anraten ihres Coachs brachte sie ihre Ansprüche, ihre Wünsche an eine neue Arbeitsstelle schriftlich zu Papier. Dabei wurde deutlich, dass sie formulieren konnte, was ihr wichtig war: Die Aufgabe sollte gewollt, die Infrastruktur vernünftig, selbstständiges Arbeiten gegeben und Wertschätzung für sie vorhanden sein. Ihre Tätigkeit sollte mit ihrer Wertorientierung übereinstimmen. Weiterhin wusste sie, dass sie keinesfalls nur in die Fußspuren eines anderen treten wollte.*

Diese Aufzählung sagte viel über Elke aus und den Stand ihres Entwicklungsprozesses. Sie war noch auf der Suche und konnte daher nicht konkret werden. Aber sie konnte einen Rahmen angeben und Aussagen machen, was sie nicht wollte. Dies hatte sich bereits herausgeschält.

ELKE *Es war frustrierend für Elke. Sie musste die Erfahrung machen, dass Unbeteiligte, denen sie das Papier zeigte, nichts damit anfangen konnten, war es doch für Menschen mit Personalerfahrung viel zu unkonkret. »Was wollen Sie? Was kann ich für Sie tun?« Diese*

Fragen konnte sie nicht beantworten, und andere konnten folgerichtig nichts für sie tun. Bei allem, was konkret wurde, sprach etwas dafür und gleichzeitig dagegen. Die Worte »wenn« und »aber« wurden Elke in diesem Zusammenhang immer vertrauter. Die Vorstellung, dauerhaft selbstständig zu arbeiten, war ihr damals noch fremd, da hochgradig angstbesetzt.

Zu dem damaligen Zeitpunkt führte Elke gerne Gespräche, freute sich, Menschen kennenzulernen, an andere weiterempfohlen zu werden und neue Ideen näher zu erkunden. Sobald es jedoch drohte, konkret zu werden, »drehte sie bei«. Zuschreibung von relevanten Dritten, dass bestimmte Themen in ihren Lebenslauf gut »passen« würden, sprachen sie an und erschreckten sie gleichzeitig. Ähnlich erging es ihr mit dem Hinweis von Freunden, dass die Bereiche »Arbeitsmarkt« und »Trainings« doch gute Betätigungsfelder für sie böten. Einerseits wollte sie zwar, dass man ihr sagt, was sie machen soll, andererseits stellten sich die Vorschläge für sie immer als falsch, besser: als nicht möglich dar.

Elke wurde immer verzweifelter und schwankte zwischen Resignation und Aktionismus. Dazu kamen Kommentare und Nachfragen aus ihrem Bekanntenkreis, die auf unterschiedliche Aspekte abzielten. Die meist durchaus wohlmeinenden Bemerkungen erstreckten sich von »Meine Liebe, Sie werden auch nicht jünger« über »Hast du keine Angst, schon mancher hat sich verschätzt« bis hin zu »Du hast es gut« oder »Wann willst du dich denn endlich entscheiden?« Die Äußerungen trafen bei Elke auf fruchtbaren Boden, haderte sie doch selbst mit sich. Zwar verteidigte sie sich nach außen hin, anderseits fragten ihre inneren Stimmen besorgt: »Müsstest du nicht langsam wirklich in der Lage sein, dich zu entscheiden?«

Elkes eigener Druck und die Erwartungen anderer, die sie als weiteren Druck wahrnahm, trafen aufeinander. Dieser Fakt wirkt tendenziell potenzierend. Der Betreffende gerät immer mehr in Anspannung. Je nach Person wirkt dies eher lähmend oder führt zu vermehrtem Aktionismus. Gerade hier wird deutlich, wie wichtig es ist, sich mit guten Ratgebern zu umgeben.

ELKE

Laut Elke war ihr Coach einer der wenigen, der ihr Zuversicht gab. Sein »Sie sind im grünen Bereich« war ein Anker für sie. Sie vertraute ihm. In den Sitzungen spiegelte er, wo sie stand und wo er sie sah. Die Zeiten dazwischen musste sie »sich selbst auch durch Tiefen tragen«, wie sie das nannte. Das konnte anstrengend sein. Auch ihr Partner war ihr eine wichtige Stütze, um das Hin-und-hergerissen-Sein auszuhalten.

Einen Monat später wollte Elke unbedingt ihre Richtung haben. Daher bat sie ihren Coach eindringlich, ihr diese doch zu geben. Er gab ihrem Drängen nach und sie erarbeiteten mehrere Themenfelder, die in Frage kamen, wie »Stiftungen« und »Arbeitsmarktpolitik«. Sie besprachen auch Strategien, wie man es anstellen könne, in einem dieser Felder Fuß zu fassen. Elke besorgte sich einen Überblick über Stiftungen in Berlin, telefonierte und schrieb sie an. Nun hatte sie viel Information – nur, ihre Aktivität erlahmte.

Vergleichbar verhielt es sich mit dem Thema Arbeitsmarkt. Sie arbeitete sich in neue Konzepte ein, las die entsprechenden Papiere, die gerade herausgekommen waren, doch … es war wie verhext – erneut schwand ihre Energie. Dieses Phänomen wiederholte sich noch mehrmals.

Elke verfolgte ihr Muster, konnte es nicht unterbrechen und befürchtete ernsthaft, »den grünen Bereich« zu verlassen. Sie spürte nur ihre Abwehr, ohne den Ursprung fassen zu können. Es war lähmend, sie brauchte dringend Hilfe, um wieder Spielraum zu gewinnen. Der Coach intervenierte beim folgenden Treffen, als sie erneut einen Vorschlag bzw. ein Angebot nicht annehmen konnte und viele Gründe fand, warum dieser Weg nicht sinnvoll sei. Der Coach fragte sie nach ihren inneren Bildern zu dieser Situation sowie nach ihren gelernten Überzeu-

gungen (Introjekten). Im Verlauf dieser Sitzung wurde deutlich, dass sie sich nicht entscheiden konnte, weil in ihrer Vorstellung jede Entscheidung falsch sein konnte. Das war fürchterlich, da sie in ihrem System nur einen einzigen Versuch hatte, eine zweite Chance stand ihr nicht zu.

Gebeten, dies in ein Bild umzusetzen, beschrieb Elke das ungefähr so: Sie war ein kleines Mädchen, das sich in einem runden, steinernen Raum befand, von dem viele Türen abgingen. Das Mädchen wusste nicht, welche die richtige Tür war. Es wusste nur sicher, wenn es eine Tür aufmachte, dann musste es auch hineingehen. Es gab keinen Weg zurück. Wenn es im falschen Zimmer gelandet war, dann war es quasi gefangen und würde nie mehr in den richtigen Raum kommen. Dazu wäre es dann zu spät.

Diese Vorstellung konnte im weiteren Verlauf der Sitzung aufgelöst werden. Dazu gehörte die Offenlegung ihrer Annahmen über sich selbst, ihr Vertrauen und Nichtvertrauen in die Welt, die Erforschung von den Regeln, die dazu führten, ihre Vorstellung, dass sie nur eine Wahl hatte, aufrechtzuerhalten sowie der Einfluss von Personen, die für sie relevant waren. Nach dieser genauen Erfassung von Elkes innerer Welt stellte der Couch mittels Fragen, Schilderungen und Informationen seine Sicht der Welt der ihren gegenüber. Dies ermöglichte ihr einen Außenblick und damit die Überprüfung ihres Systems. Erst dadurch gewann Elke wieder Bewegungsspielraum

Gefangen in der inneren Wirklichkeit

Ich habe dieses Beispiel gewählt, um deutlich zu machen, wie leicht die innere Realität sich vor die äußere Wirklichkeit stellen kann. Elke war in ihrem System gefangen – und ihr war das trotz all ihrer Ausbildungen und Erfahrungen nicht bewusst. Manchen Menschen fällt es prinzipiell schwer, sich zu entscheiden.

Auf jeden – selbst auf Experten – trifft zu: Wenn man festgefahren ist, agiert man bewusst und unbewusst in seinem eigenen System, das als »Quasi-Wahrheit« handlungsanleitend wirkt.

Um solche inneren Welten aufzuschließen, reicht es nicht, (ausschließlich) den Verstand anzusprechen, denn es handelt sich nicht um ein verstandesmäßiges Problem. Hätte ihr Berater sie einfach gefragt: »Was vermeiden Sie jetzt?«, wäre Elke wortreich in der Lage gewesen, seinen Ansatz als überlegenswert, letztendlich aber als eine Unterstellung zurückzuweisen.

Professionelle Hilfe

Ohne einen therapeutisch geschulten Coach wäre Elke vermutlich aus ihrem System lange nicht herauskommen. »Mehr des Gleichen« wäre die uneffektive Folge gewesen. Wenn der Motor unseres Wagens stottert, suchen wir eine Werkstatt auf und wenn das Bauchgrimmen nicht aufhört, einen Arzt. Wie geschildert, können Sie bei dem Prozess einer beruflichen Umorientierung an Grenzen kommen, die eine Hinzuziehung professioneller Hilfe zumindest zeitweise nahelegt.

Auswahlschwierigkeiten

Das Bild von einem Raum mit vielen Türen ist weit verbreitet. Viele meiner Klienten haben ähnliche Bilder verwendet. Es symbolisiert häufig die Schwierigkeit »auszuwählen«. Dies kann in einer Blockierung wie bei Elke (durch Introjekte) begründet sein.

Manchen Menschen fällt es prinzipiell schwer, sich zu entscheiden. Um welche Art der Blockierung es sich handelt, wie diese zu unterscheiden sind und was Sie tun können, um konstruktiv damit umzugehen, wird Thema der nächsten Abschnitte sein.

Gelerntes anwenden

Die Suchphase wird häufig als besonders schwierig erlebt. Wie am Beispiel von Elke geschildert, stellt sich der Sachverhalt oftmals so dar: Sie haben bereits eine Menge gemacht und ausprobiert. Die Zeit läuft. Sie fühlen sich eventuell unter Druck gesetzt. Dennoch – es ist wie verhext –, man kann sich oft über eine längere Zeit hinweg (noch) nicht für eine Richtung entscheiden. Wenn dies auch auf Sie zutrifft, dann möchte ich Sie zunächst erneut beruhigen: *Das ist normal.*

Deswegen fasse ich noch einmal zusammen. Sie sind in der Phase, in der Sie Unterschiedliches ausprobieren, in der Sie noch nicht genau wissen, wohin Ihr Weg gehen soll. Aus diesem Grund begeben Sie sich auf unterschiedliche Felder, beschäftigen sich mit verschiedenen Personengruppen, Märkten, Sachproblemen, um durch diese Art von Probehandeln zu erkennen, *»was Ihres ist«*. Sie haben bereits Ihre eigenen Messinstrumente zur Verfügung, indem Sie gelernt haben, Ihre Wahrnehmungen zu schulen und entsprechend darauf einzugehen. Sie merken mittlerweile, wann Ihre Energie geweckt ist und wann Ihr Interesse anhält.

Wenn dies der Fall ist, sollten Sie genau diese Spur weiterverfolgen. Der Druck, den wir in eben dieser Phase verspüren, verhindert häufig, dass wir unsere Wahrnehmung auf uns wirken lassen. Wir tendieren dann dazu, mit Aktionismus zu reagieren. »Ich muss jetzt entscheiden.« Das führt selten zu wirklich guten Ergebnissen.

»Suche lenkt vom Finden ab«

Sie befinden sich in einer Situation, die mit einer Partnersuche vergleichbar ist. Sicherlich haben auch Sie schon einmal die Erfahrung gemacht, dass Personen, die einen Partner suchen, mit der Zeit immer verkrampfter werden. Wir strengen uns an, eilen zu jedem Treffen, geben Kontaktanzeigen auf. Unser ganzes Denken ist mit **der Suche** beschäftigt. Während dieser Aktivität schauen wir nicht mehr wirklich hin, welche Menschen uns begegnen und was sie uns entgegenbringen. Ein Mann oder eine Frau lächelt uns an und die Augen funkeln. Er bzw. sie macht eine humorvolle Bemerkung. Eigentlich stehen wir auf ausdrucksvolle Augen und Humor zieht uns normalerweise an. Doch das Lächeln sehen wir nicht, den Humor nehmen wir nicht wahr. Kurz und gut, wir sind nicht offen. Aber: *Ohne Offenheit und Bereitschaft können wir nicht finden.*

Manchmal kommen wir nicht voran, weil wir über die Suche das Finden vergessen. Dies wird uns noch ausführlich beschäftigen. Zunächst möchte ich Sie über weitere gängige Gründe für Stagnation und den Umgang damit informieren.

Erste Überlegungen bei Blockaden

Zeit für Auswertung

Wenn Sie ungeduldig werden, gilt weiterhin: Veränderung braucht Zeit. Seien Sie daher etwas geduldiger mit sich und überprüfen Sie, ob Sie sich genügend Raum geben, Ihre Aktivitäten auch gefühlsmäßig wirken zu lassen und auszuwerten. Vielleicht brauchen Sie mehr Erfahrungen, um sich vorstellen zu können, zukünftig z.B. als Künstler oder Unternehmer tätig zu sein. Ersetzen Sie die genannten Berufe durch diejenigen, die Ihnen als (vage) Möglichkeit durch den Kopf gehen. Vielleicht hilft Ihnen folgende Anregung.

AUFGABE

Probieren Sie aus, wie folgende Sätze für Sie klingen: »Ich werde ... sein«, bzw. »Ich werde als ... tätig sein« alternativ zu: »Ich will ... sein«, bzw. »Ich will als ... tätig sein«.

Manchen Menschen helfen zunächst die entsprechenden Verneinungen. Bei dieser Übung ist es wichtig, laut zu sprechen. Hören Sie auf Ihre inneren Antworten. Sie werden merken, was zurzeit stimmig für Sie ist.

Wenn Sie sich beispielsweise mit der Frage beschäftigen, ob Sie angestellt oder selbstständig sein möchten, können Sie versichert sein, Sie werden eine solch wichtige Entscheidung kaum einfach per Beschluss herbeiführen können. Berücksichtigen Sie: Gelernte Familienmuster wirken. Es macht einen Unterschied, ob das Führen einer eigenen Firma im Familienrepertoire vorhanden ist oder ob Sie das erste Familienmitglied sind, das überlegt, einen solchen Weg zu gehen. Hilfreich ist es, wenn Sie Ihre diesbezüglichen eigenen Annahmen und Regeln ermitteln und hinterfragen. Sie vervollständigen damit Ihre Regelliste.

HINWEIS

Wenn Ängste und Zweifel Sie hemmen, wenn Sie sich fragen, ob Sie das Richtige tun, dann vergegenwärtigen Sie sich: Veränderung macht immer Angst. Es ist daher keine Schande, sich ängstlich und schüchtern zu fühlen. Gehen Sie schüchtern und ängstlich auf neue Situationen zu, wenn Sie sich so fühlen, aber gehen Sie los. Ob etwas zu Ihnen passt, können Sie nicht im Kopf erfahren.

Sie befürchten beispielsweise, dass Fremde Ihre Unsicherheit merken, und dies hindert Sie, aktiv zu sein. Aus langjähriger Erfahrung kann ich sagen, dass Sie selbst Ihre Ängstlichkeit, Verlegenheit etc. vermutlich viel stärker wahrnehmen als fremde Menschen. Es ist noch nicht einmal sicher, dass andere diese überhaupt registrieren. Selbst wenn, es wird selten negativ ausgelegt. Schließlich sind Sie der Fremde bzw. der Neue. Jeder versteht, wenn Sie vorsichtig sind. Sie werden erleben, dass sich viele Menschen gerade dadurch angeregt fühlen werden, Ihnen zu helfen.

Dies waren einige Überlegungen, die Sie anstellen sollten, wenn Sie das Gefühl haben, auf der Stelle zu treten. Wenn Sie stecken bleiben und trotz vieler Überlegungen nicht erkennen, was Ihrer Entwicklung im Wege steht, dann kommen Sie nicht umhin, die Situation genauer zu ergründen.

Die innere Logik von Blockaden

Gefragt sind gute Ratgeber

Wenn Sie merken, dass Sie wirklich nicht weiterkommen, dann setzen Sie sich mit einem guten Freund zusammen, dem Sie vertrauen und durch den Sie sich nicht unter Druck gesetzt fühlen. Sie brauchen nun jemanden, der Ihnen hilft zu unterscheiden. Handelt es sich um eine Blockade oder sollen Sie sich mehr Zeit geben? Bitten Sie Ihr Gegenüber, genau auf Ihre Formulierungen zu achten. Es kann hilfreich sein, die zentralen Aussagen zu den einzelnen Fragen mitzuschreiben. So haben Sie eine gemeinsame Ausgangsbasis: schwarz auf weiß.

HINWEIS
Nehmen Sie sich für die Beantwortung der folgenden Checkliste Zeit und seien Sie genau.

TEIL I: BRAUCHE ICH MEHR ZEIT ODER BIN ICH BLOCKIERT?

Was habe ich bisher alles gemacht/unternommen?
(Genaue Beschreibung)

____

____

Wenn ich meiner eigenen Aufzählung zuhöre,

dann finde ich ______________________________

geht es mir ______________________________

fällt mir ein ______________________________

usw.

Was würde passieren, wenn ich mich jetzt entscheiden würde bzw. müsste?

____

____

Welche Gedanken fallen mir zum Thema Entscheidung ein?

____

____

____

Wie verhindere ich es möglicherweise, mich zu entscheiden?

____

____

____

TEIL II

Entwickeln Sie ein Bild für Ihre jetzige Situation: Wie sieht beispielsweise meine innere Landschaft, mein Gebäude aus?

Wo befinde ich mich in dieser Landschaft/in diesem Gebäude?
Wie ist meine Haltung (aufrecht, gehend, auf Knien ...), wie ist mein Gefühl dazu (ängstlich, freudig ...)?

Was freut mich? ___

Was ängstigt mich? ___

Bin ich allein? ___

Welche Personen sind für mich in meinem Leben relevant?
Wessen Meinung zählt für mich besonders?

Was würden diese zu den einzelnen Projekten, zu meinen Aktivitäten und meinen Wünschen sagen bzw. was sagen sie?

Gibt es jemand in meinem Leben, der meine Aktivitäten missbilligt oder mir missgönnt?

____

____

Gibt es jemand, der sich freut, wenn ich scheitere?

Wenn ja, wer? ______________________________

Was bringt mich zu dieser Vermutung?

____

____

Gibt es jemand, dem ich es recht machen muss?

____

____

Wann darf ich mich entscheiden?

____

____

Darf ich mich falsch entscheiden?

____

____

Was würde ich dann tun?

____

____

____

Physiologische Botschaften

Diese Fragen dienen wieder als Anregung. Hilfreich ist es erfahrungsgemäß, wenn Sie bei der Beantwortung auf mögliche physiologische Begleitumstände achten und sie mit einbeziehen. Niemand außer Ihnen bekommt in der Regel Ihre körperlichen Reaktionen mit. Was sagen mir: Schwitzen, feuchte Hände, Flecken, Kälte- und Hitzegefühle, Rauschen oder »Nebel« im Kopf, auffällige Müdigkeit, Kopfschmerzen, Herzklopfen? Möglicherweise entdecken Sie sogar ein Muster. Etwa so: Immer wenn ich etwas nicht wahrhaben will, bekomme ich einen leeren Kopf.

Realitätscheck

Wenn Sie die Fragen der Checkliste beantwortet haben, dann haben Sie vermutlich einen Überblick, inwieweit die äußere Realität mit Ihrer inneren übereinstimmt oder auch nicht. Die Spannbreite der Ergebnisse kann groß sein:

- Vielleicht fällt Ihnen im Laufe Ihrer Beschreibung auf, dass Sie bisher doch nur wenig versucht haben. Dann heißt es, mutig zu sein, noch mehr auszuprobieren.

- Vielleicht sind Sie lustlos. Dann müssen Sie klären, ob Sie eine Pause brauchen. Vielleicht ist Ausspannen angesagt. Eine weitere Erklärung lautet: Ihre Energie ist noch durch frühere Erlebnisse, privat oder beruflich, die nicht bewältigt sind, gebunden. Dann sollten Sie sich beispielsweise mit dem Thema Kränkung befassen.

- Vielleicht nehmen Sie sich zu wenig Zeit, um das Erlebte jeweils auszuwerten. Sie gehören zu denen, die evtl. dazu neigen, schnell ungeduldig zu werden. Am liebsten hätten Sie direkt eine Lösung. Vermutlich fällt es Ihnen schwer, den Zustand auszuhalten, *nicht zu wissen.*

Eine typische Blockade zum Ende der Suchphase besteht darin, *nicht auswählen* zu können. Die Betreffenden haben das Gefühl, ihnen geht es an den Kragen. Sie probieren zwar viel aus, aber wenn es darum geht, sich festzulegen, dann schwindet ihre Energie, sie sehen sich nach neuen Perspektiven um. Sie verzweifeln und ggf. die Berater mit ihnen. Immer ist etwas verkehrt oder noch nicht genug. Dahinter steht die Angst, etwas zu verpassen, etwas falsch zu machen bzw. festgelegt und damit gefangen zu sein.

Man stelle sich einen voll gedeckten Tisch vor. Alles ist wunderbar, es gibt so vieles: Die Tarte, den Braten, diverse Vorspeisen. Und da ist einer, der umrundet den Tisch immer und immer wieder, denn es könnte immer etwas anderes besser sein. So kann man auf Dauer verhungern!

Die Betreffenden wirken teilweise sehr getrieben. In ihrer Angst, etwas zu verpassen oder eine falsche Entscheidung zu treffen, verpassen sie häufig die Gegenwart – die einzige Zeit, in der wir leben können. Stattdessen eilen sie von einem Thema zum nächsten oder kreisen in ihren Gedanken. Ferner fehlt es manchem am notwendigen Biss, der Aggression, die für eine Auswahl notwendig ist. Sie sind gefangen in ihrer Ambivalenz. Sollte diese Beschreibung auf Sie zutreffen, dann bedenken Sie, Menschen, und zwar alle, machen auch Fehler. Fehler zu machen gehört zu unserem Wesen, zu unserem menschlichen Sein. Zum erwachsenen Handeln gehört es, diesen Fakt in das eigene Selbstbild zu integrieren. Vermutlich haben Sie gelernt: »Du darfst keine Fehler machen« o. Ä. Ich empfehle Ihnen, diese Regel noch einmal zu überprüfen. So gewinnt man ein Mehr an Freiheiten. Eine einmal getroffene Auswahl muss keine Festlegung auf immer und ewig bedeuten.

Haltungen wie Ungeduld, die Angst etwas zu verpassen oder falsch zu machen verhindern also häufig eine Auswahl, und sei es auch nur partiell.

Wenn Vergleichbares auf Sie zutrifft, sollten Sie dem vertrauten Menschen ganz genau beschreiben, was Sie bisher unternommen und ausprobiert haben, was Sie bisher wahrgenommen haben und wie es Ihnen mit den Erfahrungen geht. Fragen Sie andere, denen Sie vertrauen, was Sie beobachten und wie sie Ihr Herangehen und Ihr Vorankommen einschätzen. Ein englisches Sprichwort sagt: »Man braucht zwei, um einen zu sehen.« Jeder von uns hat blinde Flecken. Unsere Wahrnehmungen basieren auf unseren Annahmen über die Welt und den daraus abgeleiteten gefühlsmäßigen Befindlichkeiten. Den Gefühlen geben wir die Bedeutung von Fakten. Unsere subjektive, selektive Sichtweise können wir überprüfen, indem wir uns unsere Annahmen über uns und die Welt bewusst machen. Ein Instrument dafür ist die »Leiter der Abstraktion«.

Leiter der Abstraktion

Stellen wir uns folgende Situation vor: Wir befinden uns in einer Besprechung. Ganz schnell nehmen wir eine Situation auf und reagieren in dieser Situation. Zwischen der Wahrnehmung einer Situation und unserer für alle sichtbaren Handlung spielt sich viel in unserem Kopf ab, häufig ohne dass wir uns dessen bewusst sind.

Um diesen Prozess Einzelnen wie Gruppen anschaulich zu vermitteln, wurde ein Instrument, die »Leiter der Abstraktion«, entwickelt. Sie geht auf Chris Argyris zurück und wurde in »Das Fieldbook zur fünften Disziplin« von Peter M. Senge (vgl. Literaturempfehlung S. 257) in Deutschland veröffentlicht. In Anlehnung daran habe ich dieses sogenannte mentale Modell für unseren Zusammenhang aufbereitet.

Selektive Wahrnehmung

Wie auf einer Leiter arbeiten wir uns danach von der Datenbeobachtung über eine Einschätzung zur Handlung hoch. Ständig sehen wir uns mit einer großen Menge von Informationen konfrontiert. Im Gegensatz zu einer Filmkamera, die alles ohne Unterschiede aufzeichnet, nehmen wir nur Ausschnitte wahr und wählen aus diesen auch noch aus. Ausgangsbasis für den nächsten Schritt sind also immer nur selektiv ausgewählte Daten. Diese Reduktion führt notwendigerweise zu einer begrenzten Wahrnehmung.

Auswahlkriterien

Es stellt sich also die Frage: Wonach wählen wir aus? Wir wählen danach aus, was *uns* wichtig oder unwichtig erscheint. Unterscheidung treffen wir wiederum aufgrund unserer bisherigen Erfahrungen. Sie dienen als Grundlage für Schlussfolgerungen, die schließlich zu den Annahmen, Überzeugungen und Werten über die Welt führen. Diese wiederum bilden die Basis für unsere Auswahl und unsere Deutungen. Wie Sie sicherlich merken, werden wir von einem sich selbst bestätigenden System geleitet.

Aufgrund unserer Überzeugungen nehmen wir in der Regel die Informationen wahr, die unsere Überzeugungen bestätigen.

Jeder hat ein solches handlungsanleitendes System an Schlussfolgerungen, Deutungen und Überzeugungen. Häufig reichen ganz wenige Informationen, um es in Gang zu setzen. In der Regel kennen weder andere Menschen unser System, noch ist es uns in den meisten Situationen selbst bewusst. Es klingt kompliziert, ist jedoch unsere tagtägliche Realität. Wir beobachten, nehmen Ausschnitte auf und reagieren aufgrund unserer Filter. Das macht jeder, die Filter sind unterschiedlich und wir kennen bestenfalls unsere eigenen. Alles andere können wir nur vermuten oder besser erfragen.

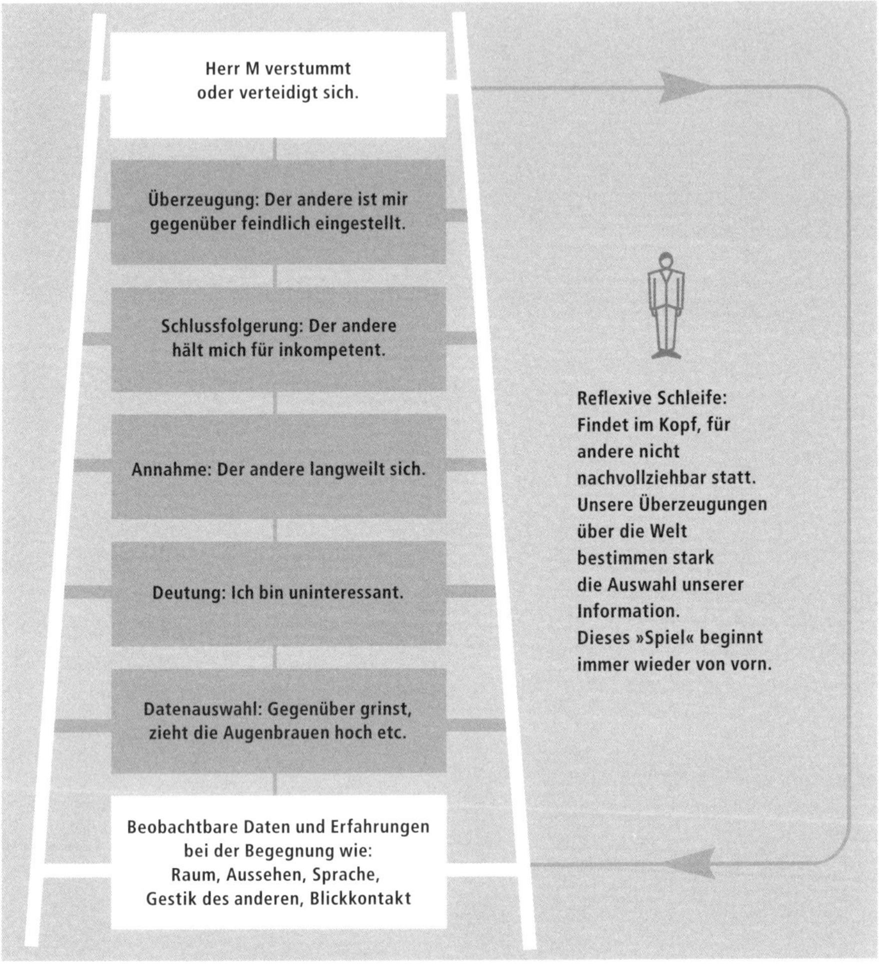

Abb. 5: Herr M und seine Leiter der Abstraktion

LEITER DER ABSTRAKTION

Zum Hintergrund

Im Rahmen einer beruflichen Neuorientierung erweist es sich als ratsam, das eigene System zu kennen und gegebenenfalls infrage zu stellen, wenn wir beispielsweise das Gefühl haben, nicht weiterzukommen.

Am Beispiel von Herrn M., der Schwierigkeiten hatte, Kontakte zu knüpfen und zu halten, lässt sich verdeutlichen, wie wir uns selbst ausmanövrieren können. Bei näherer Betrachtung liefen Treffen mit für ihn Fremden (potenziellen Geschäftspartnern) nach folgendem Muster ab: Herr M. war zunächst vor jedem Treffen, das er entweder selbst initiiert hatte oder das durch Vermittlung zustande kam, positiv eingestellt. Die Treffen fanden an unterschiedlichen Orten in unterschiedlicher räumlicher Umgebung statt. Herr M. war meist etwas aufgeregt und schwitzte leicht, was ihm peinlich war. Zunächst fand er den anderen in der Regel sympathisch.

- Nach kurzer Zeit stellte er fest, dass der andere beispielsweise die Augenbrauen hob oder die Mundwinkel verzog. (Es kam ihm nicht in den Sinn, diese Wahrnehmung anzusprechen.) Inwieweit solche geschilderten Reaktionen in der Person des anderen begründet sind und welche Bedeutung sie haben, wusste bzw. konnte Herr M. gar nicht wissen.

- Er deutete solche Reaktionen als Desinteresse an seiner Person: »Ich bin für mein Gegenüber uninteressant.«

- Daraufhin nahm er an, dass der andere von ihm gelangweilt sei.

- Daraus zog er den Schluss: »Dieser Typ hält mich für inkompetent und versteht nicht, wieso ich aus meinem Job ausgestiegen bin. Das hätte ich mir denken können, so »bossy« wie der schon am Telefon war und wie aufgemotzt sein Büro ist. Schade, dabei könnte ich ihm wirklich eine gute Software-Lösung anbieten.«

- Schließlich gelangte er zu seiner Überzeugung, die lautete: »Die Welt ist feindlich und zu mir erst recht.« Bezogen auf die Begegnung bedeutete das: »Der andere gehört zu den arroganten Typen, die mich niedermachen wollen und selbst auf der sicheren Seite sind. Da habe ich keine Chance, aber von dem lasse ich mir nichts gefallen.«

Das Ergebnis war immer gleich: Herr M., Wissenschaftler und kompetenter Software-Entwickler, war nicht mehr in der Lage, seine Fähigkeiten einzubringen und seine Interessen zu vertreten. Stattdessen nahmen andere wahr, dass er entweder kaum noch etwas sagte oder aber sich mit seinem Gegenüber anlegte. Die Folge war selbstverständlich, dass es bei den einmaligen Kontakten blieb. Erst als ihm die Automatismen seines Verhaltens bewusst wurden und er seine Annahmen hinterfragte, gewann er nach und nach seine Handlungsfreiheit.

Wenn Sie selbst nicht weiterkommen, versuchen Sie doch einmal, sich Ihre jeweilige Leiter aufzuzeichnen. Sie haben hiermit erneut ein Instrument, um die Wirkungsweise von Regeln und Überzeugungen zu reflektieren und sie gegebenenfalls zu unterbrechen. Mit der Zeit werden Sie Übung darin bekommen und das Instrument schnell einsetzen können.

Die innere Welt bestimmt unser Handeln

Wofür ist eine Blockade gut?

Wenn wir blockiert sind, hilft oft die erprobte lateinische Frage »Cui bono?« – »Wem nutzt es?« oder: »Für wen oder was ist etwas gut?« weiter. In juristischen, historischen, ökonomischen, politischen und vielen anderen Bereichen gehört diese Frage nach dem Nutzen zum Standardrepertoire, wenn man erkunden will, was die möglichen Motive und Hintergründe für ein Verhalten oder eine Initiative sind.

Potenzielle innere Konflikte ermitteln

In unserem Zusammenhang liegt dieser Fragestellung die Idee zugrunde, dass Widerstände, Abwehr, also Blockaden, immer dann aktiv werden, wenn unsere innere Abbildung der Welt mit ihren Regeln und Selbstverständlichkeiten infrage gestellt wird. Das von außen Geforderte, auch uns selbst logisch Erscheinende, erfahren wir dann auf diesem Hintergrund als gefährlich, denn es drohen Loyalitäten zu brechen. Wir stehen vor der Wahl: Folgen wir unseren verinnerlichten Regeln, die wir meist in der Herkunftsfamilie gelernt haben, z.B. »Pass dich an«, oder riskieren wir im Gegensatz dazu, unseren Wünschen zu folgen, z.B. »sich durchzusetzen«. Selbst wenn der Ehemann oder die Ehefrau es gut finden würden, wenn wir endlich unsere Vorstellungen umsetzen: Einige Menschen bringen diese unterschiedlichen Anforderungen in Konflikte. Der Konflikt erzeugt Angst. Vielleicht kennen Sie solche Konstellationen. In anderen Fällen wird unser Weltbild grundsätzlich infrage gestellt. Das ist irritierend und wird häufig als höchst bedrohlich erlebt. Abwehr wird auf diesem Hintergrund verständlich.

Individuell unterschiedliche Wirklichkeiten

Wir können davon ausgehen, dass jeder Mensch von Geburt an sein spezifisches Bild von der Wirklichkeit entwickelt. Dazu gehören sein Verhältnis zu sich selbst und sein Verständnis von der eigenen Person im Verhältnis zu allem, was ihn umgibt. Neue Erfahrungen werden vor dem Hintergrund prägender Grunderfahrungen eingeordnet. Daraus folgt, dass für jeden Menschen die Realität eine ganz spezifische ist, eine, die sich von anderen unterscheidet. Selbst bei gleichzeitigem Erleben einer Situation kennen Sie vermutlich den Eindruck, »in einem unterschiedlichen Film zu sein«. Sehr deutlich wird dies bei Geschwistern, die ihre Kindheit häufig unterschiedlich wahrnehmen, und dies, obwohl sie doch von denselben Eltern stammen, im selben Haus groß geworden und nahezu gleichaltrig sind.

Die Art, wie ich die Welt, ihr vermeintliches Verhältnis zu mir und mein Verhältnis zu ihr in mir abgebildet habe, bestimmt mein Tun und meine Handlungsmöglichkeiten. Den emotionalen Qualitäten der Abbildungen, wie »Die Welt ist mir gegenüber feindlich oder sie ist mir zugewandt« und »Ich will mit dem Außen wenig zu tun haben«, kommt dabei eine besondere Bedeutung zu. Abhängig davon, ob ich mich aufgrund meiner inneren Bilder eher als Handelnde oder mehr als Opfer erlebe, werde ich unterschiedliche Haltungen wie Kampf, Abwehr, Offenheit, Bereitschaft verstärkt gegenüber anderen einnehmen. Menschen reagieren auf scheinbar ähnliche Situationen verschieden. Was für den einen selbstverständlich ist (auf andere Menschen zuzugehen), bedeutet für den anderen eine echte Überwindung.

Abwehrprozesse dienen innerem Gleichgewicht

Unsere inneren Bilder sind relativ stabil. Da jede neue Erfahrung in dieses eigene System eingebaut wird, tendiert es dazu, sich selbst zu bestätigen. Erinnern Sie sich an die Leiter der Abstraktion? Das jeweilige Bild der Realität wird so aufrechterhalten. Erschütterungen durch Krisensituationen können zu Neubewertungen führen. Vor einer solchen Veränderung stehen jedoch Abwehrprozesse, die sich als Blockaden bemerkbar machen. Unsere Wahrheit wird infrage gestellt. Gefahr droht, zunächst wird versucht, das innere Gleichgewicht, die Homöostase, zu halten bzw. wiederherzustellen.

Zur Erinnerung: Elke musste die »richtige« Tür öffnen, da sie laut ihrer Welt eine Entscheidung für immer treffen musste. Die

Folgen einer falschen Entscheidung wären groß gewesen. Sich nicht zu entscheiden (Lähmung) war in diesem System eine Überlebensstrategie. Spannenderweise hatte sie darüber kein Gewahrsein. Erst Elkes Coach legte die innere Realität offen. Er griff ihre Bilder auf und entwickelte mit Elke zusammen neue Handlungsmöglichkeiten in ihrer inneren Welt. Der Transfer war dann möglich.

Wenn Sie auf der Stelle treten, empfehle ich Ihnen ebenfalls, Ihre innere Realität zu erforschen. Erschrecken Sie nicht, sie kann von Ihren rationalen Überlegungen weit abweichen bis hin zum Gegenteil. Das kommt häufig vor und sollte Sie nicht abhalten, Ihren Blockaden nachzuspüren und sie zu überprüfen. **Es bleibt immer Ihre Entscheidung, welche Schlussfolgerung Sie ziehen und ob Sie neue Wege ausprobieren wollen.**

Erklärungsmuster bei Frauen und Männern

Sich wegen einer vorliegenden Blockade nicht entscheiden zu können ist ein Phänomen, das sowohl bei Männern als auch bei Frauen anzutreffen ist. Die formalen Erklärungen, die Männer und Frauen heranziehen, sind jedoch tendenziell unterschiedlich. Männer bevorzugen eher scheinbar sachliche Argumente und suchen die Ursache außerhalb von sich. Frauen dagegen wählen vorwiegend subjektive Gründe, die ein persönliches Defizit wie mangelndes Selbstbewusstsein, Unfähigkeit oder fehlende Kenntnisse unterstellen. In beiden Fällen handelt es sich um Rationalisierungen, mit denen das »Stehenbleiben« vor sich und anderen verteidigt wird. Nutzen Sie solche Phänomene als Indikatoren.

3.4. ZUSAMMENFASSUNG: UNTERSCHEIDEN LERNEN

Auch in der Suchphase ist es wichtig, geduldig zu bleiben. Sie haben bereits viel geschafft. Der Prozess, den Sie durchlaufen, beinhaltet, dass Sie viel psychische Arbeit leisten. Das kostet Sie eine Menge Energie. Daher brauchen Sie sich wieder nicht zu wundern, wenn Sie manchmal erschöpft sind. Gehen Sie davon aus, Sie lernen sich in allem, was Sie erleben, immer besser kennen. Wie Sie wissen, ist dies die Voraussetzung, damit Sie eine neue berufliche Identität aufbauen können. Dazu gehört, dass Sie mehr und mehr **Ihr Eigenes** entdecken und entwickeln. So werden Sie auch sicherer in der Unterscheidung, wann Sie wirklich Neues auf sich einwirken lassen und wann Sie eventuell in Aktionismus oder Lähmung verfallen. Immer wenn Letzteres zutrifft, lesen Sie noch einmal die vorangegangenen Abschnitte. Beziehen Sie die Inhalte auf Ihre Situation. In der Regel gibt es keinen Grund, mit sich zu hadern, denn Sie gehen in Ihrem Tempo weiter. Sie haben mittlerweile Kriterien an der Hand, um Blockaden auszuschließen bzw. zu bearbeiten, und werden sich nicht mehr so schnell selbst austricksen.

Wenn Sie sich in verschiedenen Feldern ausprobieren bzw. sich mit verschiedenen Bereichen befassen, können Sie das als eine **Investition in Ihre Zukunft** betrachten. In einer Art Probehandeln, faktisch oder gedanklich, stellen Sie sich in neue berufliche Zusammenhänge und erleben, wie sich das anfühlt und was stimmig ist. Lernen erfolgt damit über Versuch und Irrtum. Zusätzlich gewinnen Sie Wissen und Fertigkeiten in bisher für Sie fremden Bereichen, die Ihnen später zugutekommen können. Im Laufe dieser Versuche treten mögliche berufliche Felder in den Vordergrund, andere werden Sie klar verwerfen. Vermutlich werden Sie die für Sie interessanten Ideen hin und her wenden, manchmal auch eine Zeit lang beiseitelegen. Auch wenn Sie immer noch nicht ganz genau wissen, für was Sie sich entscheiden werden: Einzelne Felder beginnen sich herauszukristallisieren.

Im folgenden Abschnitt erfahren Sie, wie ein »Ja-Sagen« Elkes Findungsphase einleitet. Sie werden darüber lesen, wie Sie Ihre Findungsphase gestalten können. Erfahrungsgemäß macht vielen Menschen gerade die Findungsphase Angst: Alte Zweifel melden sich. Es geht um »Loslassen« und »die Bereitschaft auszuwählen«. Kontrolle aufzugeben und Entscheidungen zu treffen fällt vielen schwer. Aus diesem Grunde verweise ich in den folgenden Abschnitten immer wieder auf mögliche Blockaden, die sich zeigen können, sowie auf Möglichkeiten, konstruktiv damit umzugehen. Auch bei anderen Herausforderungen kann es durchaus sinnvoll sein, diese Strategien zu kennen. Sollte dies für Sie kein Thema sein, dann gehen Sie einfach in dem Buch weiter vor. Bei Bedarf können Sie ja wieder zurückgehen.

4. FINDUNGSPHASE

Endlich kann Elke »ja« sagen

ELKE *Elke realisierte, dass sie, genau wie das Mädchen, einen Raum wieder verlassen oder durch Zwischentüren in einen anderen gelangen konnte. Sie konnte sich versuchen und neue Bereiche ausprobieren. Nichts musste sie aushalten. Nichts musste sie für immer machen. Ihre Entscheidungen waren revidierbar. Diese Erkenntnis erleichterte sie. Dennoch, das ersehnte Resultat im Sinne von »Das ist es« war immer noch nicht da.*

Ca. drei Wochen später machte der Coach Elke ein Angebot. Er war angefragt worden, die Unternehmensnachfolge in einem großen Familienunternehmen, deren Beteiligte zerstritten waren, zu begleiten. Er selbst war anderweitig beschäftigt und würde sie daher neben zwei anderen Personen empfehlen. Elke fühlte sich geschmeichelt, aber war es das? Was wären die Bedingungen? Ständig herumreisen? Die alten »Wenns« und »Abers« meldeten sich offensichtlich erneut. Drei Tage hatte sie Zeit, um sich zu entscheiden. Elke schilderte, dass die nächsten Tage nicht leicht für sie waren. Sie lief auf und ab, de facto wie auch in ihren Gedanken. Neu war, dass sie sich mit anderen besprach. Ihre Ängste und Befürchtungen waren dennoch mobilisiert. Schließlich konnte sie an die Erfahrung mit »ihrem« kleinen Mädchen anknüpfen. Was hatte sie zu verlieren? »Nein« sagen konnte sie immer noch.

Am Montagmorgen rief sie ihren Coach an und sagte: »Ja.« Mittlerweile hatte sich die Unternehmensfamilie gegen eine Beratung von außen entschieden, aber dies war nicht wichtig. Wichtig war, dass sie »ja« gesagt hatte.

Etwas Neues wird real vorstellbar

Elke war endlich in der Lage, ein berufliches Angebot als eine Möglichkeit zu betrachten, die sie überprüfen, annehmen oder verwerfen konnte.

Ihre Blockade war überwunden und sie war einen gewaltigen Schritt weitergekommen. Elke hatte die Findungsphase erreicht. Der Übergang von der Such- in die Findungsphase erweist sich häufig als besonders schwierig. Sie verspüren eine Unsicherheit, jetzt wird es wirklich ernst.

Die psychische Herausforderung besteht darin, **das Risiko** einzugehen:

- das Suchen aufzugeben,
- zu vertrauen, dass Sie fürs Erste genügend ausprobiert haben,
- bereit und offen zu sein für das, was kommt,
- zu vertrauen, dass diese Welt einen Platz für Sie hat,
- keine Garantie zu haben, dass alles klappen wird.

Solche Übergänge sind immer von Ungewissheit begleitet, aber sie sind auch aufregend.

Mit Beginn des Prozesses haben Sie Ihr Blickfeld erweitert. Ja, es war geradezu Ziel, möglichst weit zurückzutreten, um anderes sehen zu können. Sie haben Ihren Blick geschult und Ihre Kriterien entwickelt. Jetzt geht es um die Umsetzung. Es geht nicht länger darum, die Felder zu erkunden, sondern sich auszuprobieren. Bezogen auf Ihr Sehfeld wird der entgegengesetzte Schritt von Ihnen gefordert wie zu Beginn. Nur wenn Sie sich fokussieren, können Sie die Tätigkeit finden, die zu Ihnen passt. Wie Sie sehen werden, bestehen Ihre nächsten Herausforderungen im Zulassen, Zupacken und im sich Einlassen.

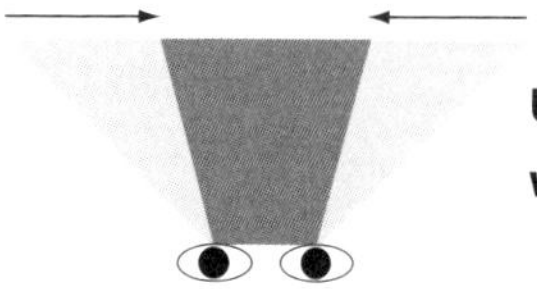

Um zu einer Auswahl zu kommen, muss der Sehwinkel wieder verkleinert werden.

Zweifel sind normal

Diese Anforderungen aktivieren bei vielen Menschen Fragen und Zweifel: »Habe ich wirklich genug ausprobiert? Werde ich es können? Habe ich nichts Wichtiges unversucht gelassen?« Das ist normal. Wenn Sie bis hierhin den Weg gegangen sind, können Sie fast sicher sein, dass eine weitere Entwicklung bereits angelegt ist. Sollten Sie dennoch Zweifel haben, ob Sie genug gemacht haben, dann rufen Sie sich das Bild des Samenkorns ins Gedächtnis. Sie erinnern sich? Erst sieht man nichts, dann ...

Bisherige Aktivitäten bewusst machen

Vergegenwärtigen Sie sich zu Ihrer eigenen Beruhigung noch einmal, wie viel Sie in der vorausgegangenen Zeit kennengelernt und ausprobiert haben. Sie haben mittlerweile bestimmten Ideen und beruflichen Möglichkeiten innerlich Vorrang gegeben. Sie haben einige als machbar bewertet, andere dagegen schon aussortiert. Richtig? Wenn das noch nicht geschehen, dann schreiben Sie Ihre einzelnen Schritte noch einmal auf. Sie legen sich selbst gegenüber somit Rechenschaft ab und gewinnen einen Überblick über Ihre Aktivitäten und wie Sie dazu stehen. Diese Liste sollten Sie gut sichtbar anbringen, sodass Sie diesen Überblick immer vor Augen haben.

4.1. VERTRAUEN WAGEN

Von der Suche ablassen

Geben Sie dem Schicksal, geben Sie dem Kosmos eine Chance. Keine Sorge, dieser Ansatz hat mit Esoterik nichts zu tun. Es ist die Aufforderung, sich zunächst zurückzulehnen und von der oben beschriebenen Suche abzulassen. Sie lesen richtig, durchatmen und ein wenig entspannen ist jetzt angesagt.

Sie haben sich entschlossen, die Suche zu beenden und zu finden. Wie Sie sich vorstellen können, verändert sich dadurch faktisch noch nichts. Zu diesem Zeitpunkt empfehle ich Ihnen, Ihren Wunsch nach der beruflichen Perspektive, nach der Klarheit in der beruflichen Entwicklung, nach dem Traumangebot in Form eines Aktenvermerks an den Kosmos abzufassen. Versehen Sie dieses Schriftstück mit einem Wiedervorlagevermerk. Die Wiedervorlage sollte auf drei bis sechs Monate terminiert sein. Folgen Sie bei der Zeitangabe Ihrem inneren Gefühl. Legen Sie dann diese Akte bis zum festgesetzten Zeitpunkt beiseite. Dies klingt vielleicht für den einen oder anderen von Ihnen befremdlich.

HINWEIS

Ein solcher symbolischer Akt erfüllt jedoch mehrere Funktionen. Der vorhandene Druck, ein sofortiges Ergebnis zu erreichen, wird der Akte übergeben, im wahrsten Sinne ad acta gelegt. Damit wird der zeitliche Raum für die angestrebte Entwicklung geöffnet. In Form eines Rituals erfolgt eine Selbstverpflichtung.

In den vorangegangenen Monaten haben Sie viel dafür getan, um beruflich neue Wege gehen zu können. Das Ihre haben Sie dazu getan, unser Einfluss auf den Lauf der Dinge ist jedoch begrenzt. Sie geben nun Ihrer Bereitschaft Ausdruck, darauf zu vertrauen, dass das Schicksal, der Kosmos für Sie in Sachen Beruf einen Platz bereithält: »Es wird sich Ihnen zeigen.« Dies bedeutet nun keineswegs Passivität. Sie erklären sich vielmehr bereit, zunächst zu schauen und zu nehmen, was das Schicksal für Sie bereithält – selbst wenn es fürs Erste nicht das Traumangebot zu sein scheint.

»Erntezeit«

In diesem Ritual steckt eine Art Vertrag, der ungefähr so lautet: »Ich vertraue darauf, dass die Welt meine bisherige Suche mit Früchten belohnen wird, und ich verpflichte mich, die Ernte einzufahren.«

Eigene Rituale entwickeln

Vielleicht entwickeln Sie anstelle des Aktenvermerks auch Ihr ganz eigenes Ritual, um die Bereitschaft, *zu finden und zu nehmen,* auszudrücken. Rituale können Sie in dem vor Ihnen liegenden Schritt unterstützen.

Selbstverständlich gibt es keine Verpflichtung, ein Ritual durchzuführen. Wenn Sie sich dagegen entscheiden: auch gut. Wichtig ist nur, dass für Sie das Prinzip nachvollziehbar ist und dass Sie es für sich verinnerlichen:

1. Sie werden erst finden, wenn Sie aufhören zu suchen.
2. Dazu müssen Sie bereit sein zuzugreifen.

Um sich das Prinzip immer wieder zu verdeutlichen, erinnern Sie sich an den Vergleich mit der Partnersuche, den ich an anderer Stelle bereits herangezogen habe. Wir finden einen Partner häufig erst dann, wenn wir mit der Suche aufhören und »ja« sagen, wenn unser Blick auf einen für uns möglichen Partner fällt. Es funktioniert nur, wenn wir zulassen, wenn wir geschehen lassen.

Immer wenn wir versuchen, etwas zu erzwingen, und damit lösungsfixiert werden, stehen die Chancen schlecht, das zu bekommen, was wir haben wollen.

Von festen Vorstellungen ablassen

Das gilt für einen Partner wie für die berufliche Neuorientierung. Bedingung für den Erfolg allerdings ist, dass wir uns offen machen und riskieren, etwas wirklich zu versuchen. Wie es genau sein wird, können wir nicht wirklich planen. Manchmal trifft man »sie« oder »ihn«, wenn man gar nicht damit rechnet. Auch die Entdeckung Amerikas war nicht geplant. Irrtümer, Verspätungen, Umwege, überraschende Begegnungen oder Wendungen können weitere Perspektiven eröffnen. Vielleicht erinnern Sie sich an eine Situation, die sich anders entwickelt hat als beabsichtigt und die letztendlich positiv war. Vergegenwärtigen Sie sich diese Erfahrungen.

Entwicklung geschieht in kleinen Schritten und plötzlichen Sprüngen

ELKE

Nachdem Elke grundsätzlich »ja« gesagt hatte, begann sie, sich auf unterschiedliche berufliche Aktivitäten einzulassen. Sie stellte nicht länger Fragen wie: Warum? Ist es richtig? Stattdessen packte sie zu, wann immer sich etwas anbot, was sie ansprach. Mehr als einmal musste sie aufpassen, nicht wieder in ihr altes Muster zurückzufallen. Nach und nach hörte sie auf, alles infrage zu stellen. Elke hatte verstanden, dass sie keine andere Wahl hatte, als zu machen und darauf zu vertrauen, dass es sich zum Guten fügen würde.

Elke nahm an einem Kurzprogramm zum Thema Konfliktmanagement in Organisationen teil, um sich für diesen Schwerpunkt auch formal zu qualifizieren. Sie übernahm einen Lehrauftrag. Sie begann zu schreiben. In jedem dieser Bereiche machte sie neue Erfahrungen mit sich selbst. Diesmal ging Elke mit den Fachkollegen aus Profit- und Non-Profit-Organisationen sehr bewusst um, da sie sich der Gemeinsamkeiten und Verschiedenheiten gewahr war. Sie hatte ihren Blick geschult und das Thema lag ihr. Beides zusammen gab ihr Sicherheit. Dies konnte eine Ausgangsbasis werden.

Elke wollte nie Lehrerin werden. Dennoch hatte sie sich bereits seit einiger Zeit vorstellen können, ihr Wissen und Können weiterzugeben. Bisher hatte sie Vorträge gehalten und Diskussionen geleitet. Nun unterrichtete sie Studenten der Betriebswirtschaft. Vor allen Dingen erprobte sie sich dabei. Zu ihrem eigenen Erstaunen stellte sie fest, dass es ihr Spaß machte, Menschen in dieser Form anzuleiten. Offensichtlich konnte sie sogar begeistern. Zunächst glaubte sie es nicht so richtig. So sagte sie anfangs zu Freunden: »Heute war es ganz gut ...« Doch langsam begann sie sich als Eine zu begreifen, die unterrichtete und das auch konnte.

Elke hatte sich schon immer viel Gedanken zu gesellschaftspolitischen Themen gemacht. Auf Empfehlung ihres Coachs hatte sie begonnen zu schreiben. Über die Auswirkungen des 11. Septembers wie über Führungsverhalten in Unternehmen u.v.m. Elke dachte zunächst, dass ihr Coach sie mit dieser Aufforderung nur dazu anregen wollte, sich mit neuen Themen zu befassen, um so endlich ihr Feld zu finden. Verwundert nahm sie jedoch zur Kenntnis, dass ihrem Coach ihre Inhalte und ihr Stil wirklich zu gefallen schienen. Und nicht nur ihm. Elke merkte, dass ihr das Schreiben ebenfalls Spaß machte. Von anderen ermutigt, wandte sie sich an ein Wirtschaftsmagazin, und ihr erster Aufsatz wurde angenommen. Die Veränderung wurde auch in ihrer Wortwahl deutlich. Sprach sie zu Beginn gegenüber Dritten davon, dass sie ein wenig schreiben würde, wurde daraus als Nächstes: »Ich schreibe einen kleinen Aufsatz.« Schließlich hörte sie sich selbst sagen: »Ich schreibe einen Artikel.« Sie wurde für sich selbst und gegenüber anderen eine, die schrieb.

Ungeplant hatte Elke Themen aufgegriffen, die früher für sie wichtig waren. Sie befasste sich mit Konfliktmoderation und stellte fest, dass sie bereits in der Schule diese Rolle übernommen hatte. Im Rahmen ihrer Diplomarbeit hatte sie Beteiligungsverfahren zwischen Vermietern und Mietern zum Thema gemacht. Als Jugendliche wollte sie Journalistin werden.

Alte Wünsche sind lebendig

Das Beispiel von Elke ist an dieser Stelle erneut typisch. Die Erfahrung, unbeabsichtigt wieder an alte Wünsche oder Projekte anknüpfen zu können, haben auch andere immer wieder gemacht. Es scheint eine Art innere Logik zu geben, die sich erfüllt, wenn wir uns den Raum dafür geben. Wundern Sie sich daher nicht, wenn Sie plötzlich feststellen, dass Sie schon als Schüler den Plan hatten, X zu machen und nun Ihre Interessen genau in diese Richtung gehen.

Aus Erfahrung weiß ich, wie schwer es manchen Menschen fällt, zu vertrauen und psychologisch gesehen die notwendige Aggression aufzubringen, um zupacken zu können. Wenn das für Sie kein Thema ist, dann überspringen Sie die nächsten beiden Abschnitte.

4.2. OHNE RISIKO GIBT ES NICHTS

Vertrauen auf ausreichende Vorbereitung

Vielen Menschen fällt es schwer, zu warten und loszulassen. Gehören auch Sie dazu? Ich möchte Ihnen noch einmal mit einigen Anregungen Mut für Ihre Findungsphase machen. Die Findungsphase können Sie mit folgenden Situationen vergleichen: Angenommen, Sie haben sich monatelang auf eine Aufgabe – einen Auslandsaufenthalt, einen Marathon, eine Bergtour oder einfach eine Wanderung – vorbereitet. Nun ist es so weit. Sie müssen darauf vertrauen, dass Ihre Vorbereitungen gut waren, dass Ihr Körper Sie nicht schnell im Stich lässt und dass das Wasser Sie trägt. Kurz und gut, es ist die Zeit, dass *das gerichtete Tun* im Vordergrund steht.

Vergleichbares galt, wann immer Sie etwas Neues angefangen haben. Wenn beispielsweise in Ihrem früheren Berufsfeld ein Produkt eingeführt oder eine neue Geschäftsidee umgesetzt wurde, musste der Beginn bzw. die Eröffnung terminiert werden. Dies geschah im Vertrauen darauf, dass für Ihre Vorbereitung die wesentlichen Informationen und Analysen zur Verfügung standen und Sie somit in der Lage waren, auf eventuelle Schwierigkeiten flexibel zu reagieren. Vergleichbare Situationen kennen Sie. Nur, jetzt in der Findungsphase besteht der Unterschied zu früher darin, dass Sie selbst den Zeitpunkt bestimmen. Alles unterliegt Ihrer Regie und steht in Ihrer Verantwortung. Sie geben den Startschuss für die Phase.

Manch einer von Ihnen hört zu Beginn dieser Phase immer noch warnende Stimmen. Wahrscheinlich erleben Sie immer wieder, wie Ihre alten Denkschleifen ablaufen. Sie kennen sie nun schon lange: Ist es richtig, ist es wichtig? Was wird X sagen oder denken? Mach' ich mir nur was vor? So oder ähnlich heißt es dann. Bei kurzer Betrachtung wird deutlich: Sie enthalten keine neue Information. Die Stimmen unterbrechen Sie nur bzw. nehmen Ihnen Ihre Energie, zur Tat zu schreiten.

4.3. STOPPSCHILDER HELFEN

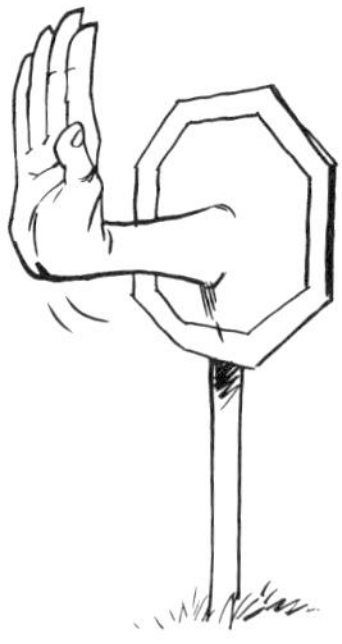

Gedankenschleifen unterbrechen

Es ist daher dringend geboten, diesen monotonen Wiederholungen Einhalt zu gebieten. Ich empfehle Ihnen, das einfache Wort »Stopp« zu gebrauchen. Stellen Sie sich jedoch darauf ein, dass Sie dieses Wort zu Beginn relativ oft benutzen werden. Übrigens, es wirkt nur, wenn Sie wirklich wollen, dass diese Gedankenschleifen aufhören. Solange Sie selbst diesen kreisenden Gedanken viel Aufmerksamkeit schenken, werden Sie davon bestimmt und eingeschränkt. Sie kommen nicht umhin, sich wirklich zu entscheiden, den Schritt ins berufliche Neuland zu machen. Erfahrungsgemäß erweist es sich dann als hilfreich, Stoppschilder in der Wohnung, am Computer, in der (Hand-)Tasche und an anderen wichtigen Orten zu verteilen. So haben Sie immer die Alternative zu den alten Mustern sinnlich vor Augen.

Etwas abgewandelt möchte ich Ihnen erneut die folgende alte Volksweisheit nahe legen: Sie wissen vielleicht momentan noch nicht, wozu manches gut ist. Erfahrungsgemäß können Sie ruhig auf Ihre Intuition vertrauen. Sie werden für sich schon das Richtige ausgesucht haben.

Ohne Risiko gibt es nichts. Wenn Sie es nicht versuchen, werden Sie nie herausfinden, ob das der richtige Weg ist.

Sprache als Ausdruck des Bewusstseins

Auch Sie werden dann mit der Zeit feststellen, dass einzelne berufliche Aktivitäten dauerhaft Ihr Interesse wecken, d.h., Sie stellen fest, dass die Energie bleibt. Die Art, wie Sie von Ihren Unternehmungen sprechen, ist ein Indikator für Ihre diesbezüglichen Entwicklungsschritte.

HINWEIS

Achten Sie auf Ihre sprachliche Ausdrucksweise, wenn Sie anderen gegenüber von Ihren Tätigkeiten erzählen. Bitten Sie Ihre Freunde zu beobachten, ob Sie sich eher distanziert äußern oder ob nach und nach eine Identifikation mit dem, was Sie erproben, oder mit dem Feld, in dem Sie sich erproben, wahrnehmbar wird.

Unsere Sprache spiegelt in weiten Teilen unser Bewusstsein über unser Umfeld und unser Verhältnis zu ihm wider und eignet sich daher hervorragend zur Standortbestimmung in Sachen beruflicher Neuorientierung. In der Einführung habe ich aufgezeigt, wie wir allein schon sprachlich unsere berufliche Tätigkeit und unseren Status mit dem, was uns ausmacht, gleichsetzen. Umgekehrt gilt natürlich, dass wir uns sprachlich distanzieren bzw. graduell Distanz zum Ausdruck bringen können.

Beispiele

SPRACHE ALS AUSDRUCK DES BEWUSSTSEINS

Frau L., Abitur, 2 Ausbildungen, 10 Jahre Berufstätigkeit, beschloss angesichts drohenden Personalabbaus, die Chance zu ergreifen und ihre beruflichen Perspektiven erneut zu überdenken.

Der Fokus ihrer Findungsphase war ein Studium. Das war für sie neu, denn nach der Schule hatte sie eine Lehre absolviert. Ihre Entwicklung in der Phase verlief von: »Ich schau mir die Universitäten mal an« über: »Ich probiere mal, wie das ist, X zu studieren« bis hin zu: »Ich bin Studentin des Faches X«.

Herr K., promovierter Politologe, stieg nach 12 Jahren Verbandstätigkeit aus seinem Beruf aus, da er kein weiteres berufliches Fortkommen für sich sah. Nachdem auch er die unterschiedlichen Phasen durchlaufen hatte, verlief sein Weg folgendermaßen: Zuerst »Ich habe die Gelegenheit, für X Wohnungen zu verkaufen« über: »Ich habe das Angebot, als Geschäftsführer zu arbeiten« und: »Ich verdiene mein Geld damit« bis hin zu: »Ich verkaufe Wohnungen« und »Ich bin Geschäftsführer sowie Leiter eines Immobilienbüros.«

Der Umfang ist unwesentlich

In dieser Findungsphase haben Sie sich entschieden, eine oder mehrere beruflich gerichtete Aktivitäten aufzunehmen. Der Umfang ist zunächst nicht so bedeutend. Ein angenehmer Nebeneffekt ist, dass Sie mit einigen Aktivitäten bereits wieder zusätzlich Geld verdienen können. Zu Beginn ist es vielleicht wie zu Schüler- oder Studienzeiten, wenn Sie einen Ferienjob angenommen haben. Sie arbeiten beispielsweise auf Honorarbasis in einer Stiftung, hospitieren regelmäßig bei einem Sender oder in einer Kanzlei, übernehmen einen kleinen Auftrag für eine Werbeagentur, organisieren Veranstaltungen für einen Verein, halten einen Vortrag oder finden einen Weg, für einige Monate in einem Land Ihrer Wahl tätig zu sein. Die Aufzählung ließe sich beliebig fortsetzen. Da Sie in der Regel darauf vertrauen können, dass Sie nicht irgendetwas tun, sondern dass Ihre Wahl ein Teilergebnis Ihrer Suche ist, werden Sie feststellen, dass Sie sich mit der Art oder mit dem Inhalt – eventuell auch mit beidem – Ihrer Betätigung ganz wohl fühlen.

Sieben Faktoren für Zufriedenheit

Wenn Sie Spaß haben und das Gefühl entwickeln, ja, das kann ich, auch wenn ich noch viel dazulernen muss, dann sind Sie sicherlich auf dem richtigen Weg. Es entsteht ein inneres Gefühl von »Das ist meins«. Dies kann sich beziehen auf:

- die Art der Tätigkeit,
- das Berufsfeld,
- das Umfeld,
- die materielle Vergütung,
- die Grade der Freiheit,
- die Größe der Verantwortung und
- den Umfang der Macht.

Für jeden haben die einzelnen Faktoren unterschiedliche Wertigkeit. Wenn alle sieben Faktoren zu Ihrer Zufriedenheit erfüllt werden: Gratuliere, **Sie sind bereits jetzt angekommen**. Dieser Glücksfall tritt jedoch relativ selten ein. Für alle anderen steht noch eine letzte Phase an.

4.4. AM FALSCHEN PLATZ – WAS TUN?

Noch einige Anmerkungen für den Fall, dass es ganz anders kommt und Sie sich am falschen Platz fühlen. Sie werden merken, dass Ihre Erzählungen über das, was Sie tun, über ca. zwei Monate hinaus eher distanziert oder abwertend bleiben. Dann ist es Zeit nachzuschauen, woran es liegt. Die Zeitangabe kann natürlich nur relativ sein und hängt von der Häufigkeit der jeweiligen Beschäftigung ab. Je mehr Zeit Sie mit einer Beschäftigung verbringen, desto schneller werden Sie merken, ob Sie sich angesprochen fühlen. Wenn eine innere positive Antwort ausbleibt, dann prüfen Sie:

TEIL I:
BIN ICH AUF DEM RICHTIGEN BERUFLICHEN WEG?

Was genau stört mich? (Aufgabe, Kollegen, Vorgesetzte, Umfeld)

____

____

____

Was denke ich, was meine Freunde/Verwandte über meine jetzige Tätigkeit/Position denken?

____

____

____

Denke ich das auch?

____

____

Gibt es überhaupt Aspekte, die mir gefallen?

1. ____
2. ____
3. ____

Lautet die Antwort auf die letzte Frage definitiv »nein«, dann überlegen Sie, in welchem anderen Feld, in welcher anderen Betätigung Sie sich als Nächstes versuchen möchten. Es kommt nicht häufig vor, dass jemand gar nichts mit den selbst gewählten Aktivitäten anfangen kann. Vermutlich möchten Sie zu viel auf einmal.

HINWEIS
In den seltensten Fällen werden Sie zu Beginn in ein berufliches Umfeld kommen, in dem alles stimmt. Sie fangen neu an. Vielleicht stimmen ja die Inhalte, aber nicht die Rahmenbedingungen oder umgekehrt.

Jetzt können Sie Erfahrungen machen wie: »Ja, verkaufen, vermarkten etc., das möchte ich auch die nächsten Jahre machen.« Vielleicht lautet Ihre Erkenntnis: »Lehren, Zeitungen machen, Dinge entwerfen, Menschen führen, selbstständig sein, im Team arbeiten, in einem anderem Land arbeiten, fotografieren, moderieren, eine Firma aufbauen, eine Firma übernehmen, in einer internationalen Organisation arbeiten oder mit Holz arbeiten u. A., das ist, was ich will.« Vielleicht stellen Sie auch fest: »Mich fasziniert etwas ganz anderes oder mich interessieren mehrere Alternativen gleichzeitig.« Um herauszufiltern, ob Ihre Tätigkeit, Ihre spezielle berufliche Aktivität, in der Sie sich erprobt haben, Sie weiterführt, überprüfen Sie:

TEIL II: BIN ICH AUF DEM RICHTIGEN BERUFLICHEN WEG?

Was genau gefällt mir an meinen Aufgaben, dem Bereich usw.?

____

____

Wie gefällt mir mein berufliches Umfeld (Vorgesetzte, Kollegen, Strukturen)?

____

____

Checkliste 13

Welche neuen Erfahrungen mache ich in dieser Tätigkeit, in diesem Feld?

Was müsste ich noch lernen?

Was liegt mir? Was macht mir Spaß?

Kann ich mir vorstellen, dass Aspekte an dieser Tätigkeit auch die nächsten Jahre für mich interessant sein werden? Welche?

Was fehlt mir?

Vielleicht spüren Sie jedoch, dass Sie irgendetwas hemmt, sich einzulassen, Spaß zu haben. Mittlerweile ist Ihnen der Umgang mit Blockaden vertraut. Gehen Sie ihnen mit folgenden Überlegungen auf den Grund.

TEIL III:
BIN ICH AUF DEM RICHTIGEN BERUFLICHEN WEG?

Was gefällt mir überhaupt nicht?

____

____

____

Was müsste anders sein?

____

____

____

Welche Denkschleifen sind aktiv?

____

____

____

Gegen welche innere Regel oder Stimme verstoße ich, wenn ich hier tätig bin?

____

____

Wie sieht in diesem Kontext Erfolg aus? Was ist die Währung (Geld, Anerkennung, Status)?

____

____

Was sagen Angehörige und Bekannte zu meiner jetzigen Situation? Was würden für mich relevante Angehörige und Freunde sagen, wenn sie davon wüssten?

____

____

____

____

Was ist das Schlimmste, was mir hier passieren kann?

____

____

____

____

Was sagt mein Stolz?

____

____

____

Was sagt meine Scham?

____

____

____

Wenn Sie nicht fündig werden, dann fragen Sie sich ehrlich:

TEIL IV:
BIN ICH AUF DEM RICHTIGEN BERUFLICHEN WEG?

Bin ich wirklich bereit, loszulassen und zu vertrauen?

____

____

Wenn nicht, wofür ist es gut, nicht loszulassen?

____

____

Gibt es Bedingungen, unter denen ich bereit wäre, darauf zu vertrauen, dass ich meinen Platz finde?

____

____

Wenn die Angst loszulassen der Schlüssel für Ihr »Auf-der-Stelle-Treten« sein könnte, dann lesen Sie noch einmal das vorangegangene Kapitel und folgen den dortigen Anregungen. Achten Sie darauf, ob Sie an irgendeiner Stelle einen Widerstand spüren oder widersprechen möchten. Wenn dies zutrifft, lohnt es sich vermutlich für Sie, diesem Impuls auf den Grund zu gehen.

In dieser Form können Sie immer weiter deduktiv das Buch nutzen, um herauszufinden, ob und wenn ja, wie Sie sich selbst austricksen. Ich bin sicher, Sie werden herausfinden, welche Ängste, Regeln, Argumente, Ansprüche, welcher Einfluss relevanter Dritter, welche äußeren Zwänge Sie bewegen, nicht fortzufahren. Wenn Sie Ihre eigene innere Logik und die damit verbundenen Gefühle eventuell mithilfe von Freunden erkennen, dann gewinnen Sie erneut Ihre Handlungsfreiheit. Dies ist die Grundlage zu entscheiden, wie Sie weiter vorgehen wollen und können.

4.5. ZUSAMMENFASSUNG: LOSLASSEN, UM ZU FINDEN

Die sogenannte Findungsphase zeichnet sich dadurch aus, dass Sie Ihre Haltung geändert haben: Sie haben in den vorangegangenen Phasen vertraute und unbekannte Bereiche, Themen und Konstellationen, die mit Ihrem bisherigen Berufsleben in Verbindung stehen oder auch nicht, mit offenen Augen neu betrachtet. Sie haben Informationen eingeholt und festgestellt, welche Gebiete Ihr Interesse wecken und Ihre Energie anziehen. In diesem Prozess haben Sie sich auch innerlich geöffnet, sodass neue Perspektiven für Sie denkbar wurden. Bislang haben Sie sich breit umgeschaut. Die Findungsphase erfordert eine erneute Fokussierung. Sie haben in Ihrem Umfeld Ihr Interesse an einigen Tätigkeiten kundgetan. Die Aufmerksamkeit und Offenheit für Themen, die Sie ansprechen, ist gewachsen. Daher haben Sie einen Weg gefunden, sich in Bereichen zu versuchen, die Sie für sich entdeckt haben. Sie sind bereit, auf diesbezügliche Ideen einzugehen. In der Regel werden Sie ein »Aha«-Erlebnis haben. Sie stellen neu fest: *»Ja, das kann ich, das liegt mir, das passt zu mir, bis hin zu: Das bin ich.«*

In der nun folgenden Zielphase setzen Sie Ihre Vorstellungen konkret um. Das notwendige Rüstzeug dazu haben Sie. Die neue Welt steht Ihnen deswegen noch nicht offen, sondern Sie müssen sie sich aneignen und erobern. Dazu folgen einige Ideen und Hinweise. Eine mögliche Klippe kann für manchen die Frage darstellen, ob es besser ist, angestellt oder selbstständig tätig zu sein. Auch für diesen Fall finden Sie im Folgenden Entscheidungshilfen.

5. ZIELPHASE

Sie haben sich mittlerweile mit neuen Fähigkeiten und Fertigkeiten in bekannten oder auch weniger bekannten Berufsfeldern erlebt. Es zeichnet sich ab, dass es sich lohnt, darauf zu vertrauen, dass diese Welt für Sie einen Platz bereithält. Wenn es Zeit ist, den Aktenvermerk hervorzuholen, wird sich für die meisten von Ihnen bereits eine berufliche Perspektive abzeichnen.

5.1. AUF EIN NEUES

Nun wissen Sie vermutlich, was Ihnen Spaß macht, was Ihnen relativ leicht von der Hand geht, wofür Sie Leidenschaft entwickeln können.

Was auch immer Sie für sich herausgefunden haben: Ob es sich um Gestalten, Lehren, Fotografieren, Schauspielern, Entwerfen, um die Gründung einer Firma, ein neues Studium, die Übernahme eines Betriebes oder um den Wechsel der Branche mit neuem Verantwortungsbereich handelt, ob Sie die Medienbranche, die Industrie, das Handwerk, den Einzelhandel, die Politik, den sozialen oder pädagogischen Bereich, den öffentlichen Sektor oder einen Nischenbereich ins Auge gefasst haben, ob Sie angestellt oder selbstständig sein wollen, allein oder mit mehreren, in welcher Rechtsform – Sie haben Ihren Fokus gefunden.

Noch sind Sie vermutlich nicht ganz angekommen. Natürlich stellt die vorangegangene Aufzählung nur einen Ausschnitt der Möglichkeiten dar, unterteilt nach Art der Tätigkeit, Berufsfeldern und Form. Der nächste Schritt besteht darin, die vorhandenen Ideen umzusetzen sowie die Aufgabenfelder auszubauen, in denen Sie bereits tätig sind – Ihre berufliche Zukunft zu (er-)schaffen.

Zielphase bedeutet, Sie wissen, was Sie können, Sie wissen, was Sie brauchen, und Sie wissen, was Sie wollen und in welche Richtung es geht. Mit diesem Wissen und Ihren Zielvorstellungen gehen Sie in die (Arbeits-)Welt bzw. auf den Markt.

Einige werden ihre Ziele schnell verwirklichen. An diesem Punkt angelangt, sind alle zumindest in der Lage, sowohl ein konkretes Angebotsprofil von sich selbst zu erstellen wie auch die anvisierte Tätigkeit/Stelle zu beschreiben. In der folgenden Checkliste können Sie beide Vorstellungen zusammenfassen.

WIE STELLE ICH MIR MEIN NEUES BERUFLICHES LEBEN VOR?

Ich bin jemand, der

erstens ____

zweitens ____

drittens ____

gut kann.

Ich habe festgestellt, es macht mir Freude, Folgendes zu tun:

____

____

Erfahrungen für meinen neuen Bereich konnte ich bereits in folgenden Zusammenhängen sammeln:

____

____

Aus meiner früheren Tätigkeit wie auch aus anderen Erfahrungen bringe ich folgendes Wissen, folgende Fertigkeiten und Fähigkeiten mit:

____

____

Dadurch kann ich besonders gut:

____

____

Ich habe beschlossen, in folgendem Feld/Bereich tätig zu sein:

____

____

Weil:

____

____

Dort möchte ich Folgendes tun, einbringen, verwirklichen:

____

____

bzw. beschäftigt sein als:

____

Mich befähigt dafür insbesondere:

____

____

Meine Anforderungen an meine neue Tätigkeit sind:

____

____

Ich möchte allein/im Team tätig sein (Größe des Teams?):

____

____

In welchen Strukturen?

____

____

Wichtig ist mir:

____

____

Alternativ – ich habe folgende Idee entwickelt:

____

____

Ich mache mich selbstständig als:

____

____

Meine Kunden sind/werden sein (Zielgruppe):

____

____

Was weiß ich über den Markt, in dem ich mich bewege?

____

____

Meine Kunden haben folgenden Nutzen von meiner Leistung:

____

____

Warum besteht bei den Kunden Nachfrage nach meiner Leistung?
Sie kommen zu mir weil,

____

____

Um meine Idee umzusetzen/mich selbstständig zu machen, brauche ich:

a) ________________ € Kapital.

Ich selbst habe __________ €

Den Rest bekomme ich von ________________________

b) Geschäftspartner, weil ________________________

Geschäftspartner finde ich ________________________

c) Folgende Mitarbeiter, weil

____

d) Folgende Geräte, Maschinen und sonstige Anschaffungen, weil

____

Meine Kunden erfahren von mir durch:

____

____

Fragen an alle, unabhängig davon, ob Selbstständigkeit oder Angestelltendasein angestrebt wird.

Freizeit hat für mich im Verhältnis zur beruflichen Tätigkeit folgenden Stellenwert:

____

____

Mein Ziel ist es jetzt:

____

____

In drei Jahren möchte ich

____

______________________________ erreicht, verwirklicht haben.

Um meine Ziele, Vorstellungen umzusetzen, werde ich folgende Schritte unternehmen:

1. ____

2. ____

3. ____

Liste an den eigenen Bedarf anpassen

Diese Liste ist wieder als Anregung zu verstehen. Nehmen Sie sich mindestens zwei Stunden Zeit und antworten Sie so genau wie möglich. Ihnen wird vermutlich viel mehr einfallen, was Sie auszeichnet, was Sie anbieten können und welche Ansprüche Sie an eine neue Tätigkeit haben, als früher. Ergänzen Sie die Liste nach Ihrem Bedarf, da sie notwendigerweise allgemein gehalten ist. Eine solche Aufstellung Ihrer Fertigkeiten kann Ihnen als Basis dienen, wenn Sie Ihre Kontakte weiter pflegen, wenn Sie nun an die Verwirklichung Ihrer Pläne gehen. Sicherlich haben Sie sich branchenkundig gemacht und wissen über die üblichen Rahmenbedingungen Bescheid. Beachten Sie immer wieder, dass Sie der Neue sind.

Ein Freund, der dieses Buch gelesen hat, meinte: »Eigentlich sind Menschen in der Zielphase an dem Entwicklungspunkt angekommen, an dem andere sind, wenn sie einfach einen neuen Job in ihrem bisherigen Feld suchen. Gegebenenfalls greifen die Betreffenden dann zu einem guten Karriereratgeber.« Sie haben jedoch bereits jetzt weitaus mehr geleistet.

Ihre Leistung

Sie haben an sich selbst gearbeitet und einen persönlichen Entwicklungsprozess durchlaufen. Ganz nebenbei haben Sie mit großer Wahrscheinlichkeit Ihre Soft Skills verbessert. In den vorangegangenen Monaten haben Sie viel über sich erfahren und sind daher beispielsweise in der Lage, Ihre Energie als Indikator für Ihre Entscheidungen zu nutzen. Die Werte und Wichtigkeiten für Ihr weiteres Leben haben Sie neu bestimmt. Weiterhin haben Sie sich im Umgang mit eigenen Blockaden geschult. Diese Kenntnisse werden Sie im beruflichen Bereich immer wieder anwenden können und vermutlich nicht nur dort. Darüber hinaus haben Sie viel über Ihre Stärken und Schwächen herausgefunden. Ihren potenziellen Markt haben Sie analysiert und verschiedene Kontakte aufgebaut und gepflegt. In der Regel haben Sie schon längst in das für Sie interessante Feld den Fuß hineingesetzt und betätigen sich dort.

Sie wissen oder sind auf dem besten Wege dahin zu erkennen, was Sie beruflich wirklich interessiert, welche Tätigkeit zu Ihnen passt, was Ihnen Sinn gibt. Dies ist eine Menge mehr, als viele Menschen jemals erreichen. *Sie haben sich nach Ihrem Bedarf praxisnah weitergebildet.*

Seinen Weg machen bedeutet, viele Schritte zu tun

Es stimmt schon, dass einige noch ein Stück Arbeit vor sich haben. Jetzt geht es darum, den Ort zu finden, an dem Sie Ihr neues berufliches Profil ausüben können. Für den einen bedeutet das, eine entsprechende Anstellung zu finden, für den anderen, seine Dienstleistung anzubieten oder einen eigenen Betrieb zu gründen bzw. eine Unternehmensnachfolge anzutreten. Sie werden sich gegebenenfalls um Kredite kümmern müssen, Sie werden Ihre Unterlagen oder Arbeitsproben einreichen und einen Businessplan erstellen. Wenn Sie erst so weit sind, dann können Sie die notwendigen Informationen in Büchern, themenspezifischen Seminaren, Kammern, Vereinen usw. erhalten.

Ihr Vorteil

Jeder von Ihnen hat seinen eigenen Rhythmus und wird daher unterschiedlich schnell seine Ziele erreichen. Sie haben jedoch einige große Vorteile gegenüber anderen: Ihre jetzigen beruflichen Interessen decken sich mit dem, was Sie tun wollen, selbst wenn Sie dazu über mehrere Teilziele gehen müssen. Und das müssen Sie vermutlich. Sie sind Quereinsteiger und fangen somit im neuen Feld nahezu von vorne an.

Zielgerichtet kleine Aufgaben annehmen

Nehmen Sie wie bisher auch kleinere Aufgaben an, damit vergeben Sie sich nichts. Weder falscher Stolz noch der Hinweis auf Alter oder vormaligen Status sollten Sie daran hindern, Ihre Wünsche und Ziele zu erreichen. Manche Tätigkeiten sind finanziell relativ uninteressant, jedoch für den Lebenslauf oder aufgrund der zu gewinnenden Erfahrung wichtig. Das gilt für

Lehraufträge genauso wie für Praktika, Hospitationen, ehrenamtliche Aktivitäten, Hilfstätigkeiten und kleine Aufträge. Wichtig ist, Erfahrungen in und Kontakte zu dem Berufsfeld, das Sie anstreben, auszubauen und weitere hinzuzugewinnen.

Als Profi wieder klein anfangen

Eigene Chancen erhöhen

Für diejenigen unter Ihnen, die sich damit schwertun, beruflich noch einmal ganz klein anzufangen, möchte ich meinen Vorschlag erläutern. Bereit zu sein, »klein anzufangen«, erweist sich oft als Voraussetzung, um unsere Pläne zu verwirklichen. Mit kleinen Aufgaben anzufangen erleichtert uns häufig das Einarbeiten in einen neuen Bereich. Das soll kein Dauerzustand bleiben. Ich empfehle Ihnen, sich einen Platz zu schaffen, von dem aus Sie agieren können. Das wird Ihnen fast immer leichter fallen, wenn Sie als Teil eines Systems, einer Organisation gesehen werden oder mit einer bestimmten Aufgabe betraut sind. Es macht einen großen Unterschied, ob Sie privat als Herr X bzw. Frau Y oder aber als Mitglied vom Sportverein, als Funktionär einer Organisation, als Vertreter einer Firma oder in der Funktion des Regieassistenten anrufen.

Die Einbettung in einen Kontext weist Sie für andere als »zugehörig« und »kompetent« aus.

Auf diesem Hintergrund werden Sie in dem Kontext selbst als Interner eingeordnet. Daraufhin erfahren Sie wahrscheinlich mehr, werden eher an andere weiterempfohlen als jemand, der fremd ist und von außen kommt.

Ihre Chancen, auf sich aufmerksam zu machen, haben Sie damit eindeutig erhöht. Sie haben im Laufe der beruflichen Neuorientierung Ihre Interessen ermittelt und sind von Ihren Ambitionen überzeugt. Dies wird sich auch auf andere Menschen übertragen. Es ist eine alte Erfahrung. Wenn Sie überzeugt sind, dann können Sie auch andere überzeugen. Begeisterung wirkt ansteckend – und Sie sind für diese Arbeitswelt besser gerüstet als viele Ihrer potenziellen Konkurrenten.

Zurück zu Elke. Was ist aus ihr geworden?

Angekommen

ELKE

Rückblickend stellte Elke fest: Sie hatte durch ihre berufliche Neuorientierung persönlich wie beruflich profitiert. War in den Jahren vor ihrem Ausstieg die Sprache auf einen Wechsel der Tätigkeit gekommen, kam dies für sie einem Verrat ihrer Ideale gleich. Die Verabschiedung von ihren Delegationen hatte ihr ermöglicht, sich beruflich für Bereiche zu öffnen, die sie vorher abgelehnt hatte. Sie war froh, dass sie ihre bisherige Berufslaufbahn trotzdem weiter wertschätzen konnte. Es blieb kein fader Geschmack zurück. Ihr Wissen und ihre Erfahrung blieben Ressourcen für ihr weiteres Berufsleben.

Elke hat sich schließlich auf Konfliktmanagement in mittelständischen Unternehmen spezialisiert. Über ihre Kontakte aus der Fortbildung wurde sie zunächst angefragt, einen Kollegen bei seiner Arbeit in einem Unternehmen zu unterstützen. Sie war gut, bekam so Folgeaufträge und wurde weiterempfohlen. Es entstand eine Perspektive. Elke nutzte sie. Um sich voll in diesem Feld engagieren zu können, beantragte sie für wenige Monate Überbrückungsgeld beim Arbeitsamt.

Mittlerweile kann sie von dieser Tätigkeit gut leben. Weiterhin ist Elke als Fachjournalistin für Management- und Personalführungsfragen recht erfolgreich tätig, auch das macht ihr viel Spaß. Elke arbeitet konkret mit Menschen und hat ein Forum gefunden, um psychologische Sichtweisen und Wissen anderen

Berufsgruppen zugänglich zu machen. Schon immer hat sie bevorzugt in interdisziplinären Gruppen gearbeitet bzw. sich mit übergreifenden Themen beschäftigt. Ihr Bezug zu Menschen und ihr klarer Blick für Institutionen spiegeln sich in ihren Artikeln wider. Darüber hinaus hat sie sich ihren Jugendtraum, »Journalistin zu werden«, erfüllt.

Nach ihrer Auszeit steht sie wieder mit beiden Beinen im beruflichen Leben. Elke scheint »Geschmack« an dem Prozess gefunden zu haben. So spielte sie letztens mit den Gedanken, in ca. zehn Jahren wieder etwas Neues auszuprobieren. Vielleicht als Lektorin zu arbeiten oder im PR-Bereich, das könnte sie reizen. Oder aber in einer Management-Akademie ...? Bis dahin ist ja noch etwas Zeit.

Die Zweigleisigkeit von Elke ist einerseits in unserer Gesellschaft weit verbreitet, also typisch, andererseits entspricht sie ihr, da sie seit ihrer Studienzeit mehreres gleichzeitig gemacht hat. Ihren Karriereanker »Unabhängigkeit« finden wir in beiden Tätigkeiten wieder. Elke hat in der für sie passenden Weise eine Wahl getroffen, in der ihre Werteorientierung durchaus Platz hat. Im weitesten Sinne treffen wir solche Patchworkprofile besonders häufig unter Freiberuflern an. Es ist eine mögliche Ausprägung, nicht jedoch Standard.

Lohnt sich dafür diese Anstrengung?

Ein Klient, Herr U., 48, Betriebswirt, teilte mir in einer Coachingsitzung mit, dass er über den Entwicklungsweg von Elke doch sehr enttäuscht sei. Auf die Frage, was ihm gefehlt bzw. was er erwartet habe, antwortete er: »Ich dachte, jetzt kommt etwas ganz Bedeutsames. Sie erreicht etwas ganz Besonderes, ist jetzt vielleicht bekannt oder hat eine wichtige Funktion inne. So aber klingt es banal.« In der weiteren Arbeit wurde deutlich, dass es für Herrn U. selbst zentral war, wichtig zu sein und entsprechende Aufgaben zu haben. Bei dem »Ergebnis« von Elke stellte sich für ihn die Frage: Lohnt sich denn dafür diese Anstrengung?

Ich vermute, Herr U. ist mit seinen Fragen und Überlegungen nicht allein. Bei einer beruflichen Neuorientierung, so wie ich sie hier verstehe, geht es immer darum, das Passende zu finden, mit dem jemand leben kann. Ich habe Menschen erlebt, die viel Geld verdient haben und dann eine Tätigkeit aufnahmen, mit der sie viel weniger Geld hatten und vergleichbar bescheiden leben. Andere sind »voll in Fahrt gekommen«, verdienen mehr als vorher, haben mehr Einfluss. Wieder andere erfüllen sich ihre Träume, setzen ihre meist bereits schon lang gepflegten Liebhabereien und Leidenschaften um, sei es, dass sie noch einmal studieren, promovieren, sei es, dass sie einen Weinhandel betreiben oder ihre Freude am Kochen und Genießen beruflich umsetzen. Für andere wird es zentral, ihre bisherigen Fähigkeiten in anderen Bereichen einzubringen.

Für manchen geht es um die Sinnhaftigkeit seines Tuns. Das kann bedeuten, die Geschäftsführung für eine Stiftung oder ein anderes Non-Profit-Unternehmen zu übernehmen, mit denen er sich identifizieren kann, statt Gleiches für ein großes profitorientiertes Untenehmen zu tun. Vergleichbares gilt natürlich auch für andere Fähigkeiten und Berufe. Manche werden nach einer Neuorientierung sichtbarer, i.d.R. gab es dann schon immer den Wunsch danach, andere ziehen sich mehr zurück und sind sehr zufrieden, nicht immer an vorderster Front zu stehen. Die Sehnsüchte und Bedürfnisse sind jeweils unterschiedlich und die gilt es zu entdecken und zu befriedigen.

ES GIBT 180-GRAD-DREHUNGEN

Beispiele

Allerdings sind diese aus meiner Erfahrung nur scheinbar radikal. Sie basieren immer auf tief empfundenen Wünschen, Bedürfnissen bzw. Erfahrungen, die in der Regel bereits in der frühen Biographie der Betreffenden angelegt sind: Anhand eines Beispiels aus meiner Praxis möchte ich dies veranschaulichen.

Herr O. hatte schon in früher Kindheit ein Faible für alles, was mit Natur zusammenhing. Bereits früh wurde er Mitglied in entsprechenden Vereinen. Er engagierte sich im Umweltschutzverband Robin Wood, im Alpenverein und als Pfadfinder. Daneben interessierte er sich als Jugendlicher für Technik, speziell für alles, was mit Computern zu tun hatte. Dieses technische Interesse trat immer mehr in den Vordergrund, auch konnte man damit richtig Geld verdienen, wie ihm familiär nahegelegt wurde – und so studierte er Informatik. Nach zehn Jahren in einem Unternehmen merkte er, dass ihm etwas fehlte, er immer unzufriedener wurde. Herr O. stieg aus und nahm sich die Zeit herauszufinden, was er wirklich wollte. Ab einem bestimmten Zeitpunkt landeten seine Gedanken immer wieder bei dem Thema Natur. Es gab diverse Überlegungen, was es denn sein könnte: vom Bauernhof in der Toskana bis hin zur eigenen Käserei, vom Wanderführer schreiben über die Arbeit als Tierarzt bis zur Weinproduktion. Schließlich, nach einer Reise durch Südamerika und dem Besuch diverser Hilfsprojekte, war es ihm klar: »So etwas will ich auch«. Er wollte schon immer die Natur bewahren, fremde Länder und Abenteuer lockten ihn. Sinn sollte seine Tätigkeit auch haben. So engagierte er sich in einem Non-profit-Projekt zur Wiederaufforstung in Südamerika.

Weniger radikal entwickelte sich der Weg von Frau U., Architektin. Sie war alleinerziehend, seit Jahren immer wieder in unsicheren, befristeten Beschäftigungsverhältnissen, eine Fernbeziehung führend, litt sie unter ihrer gesamten Situation. Sie fühlte sich ausgebeutet und unzufrieden. Sie fand heraus, was ihr wichtig im Leben war. Mittlerweile ist sie verheiratet, wohnt in einer Kleinstadt in Deutschland und hat eine Festanstellung bei einer Behörde. Für manch einen mag dies banal klingen. Ich bin da anderer Meinung. Sie konnte sich nach und nach ihre Träume von Familie und Haus zugestehen.

Für Elke war es wichtig, die Dinge nun in der ihr eigenen Art zu machen und selbstständig tätig zu sein. Inhaltlich ist sie in ihrem Berufsfeld scheinbar geblieben, doch sie hat ihre Zielgruppe verändert (Wirtschaft) und ist freiberuflich tätig. Für sie waren das große Schritte.

Erneut gilt: Es gibt kein allgemein Richtig oder Falsch für einen Lebensweg.

Alte Gestalten haben sich für Elke geschlossen, ein früherer Wunsch war so lebendig, dass sie ihn wahr gemacht hat. Mit dem Moderieren von Konflikten war sie schon seit der Schulzeit beschäftigt. Die Energie dafür ist offensichtlich geblieben, sodass es zu einem neuen Beruf führte. Elke hat berufliche Tätigkeiten gefunden, die zu ihr passen, die mit ihrer Person in Einklang stehen. Der leicht scherzhafte Ausklang weist darauf hin, dass die Berufsbilder Beraterin und Journalistin nicht der Weisheit letzter Schluss sein müssen. Vielleicht steht für Elke in fünf bis acht Jahren wirklich wieder eine neue Herausforderung an. Dann ist sie Anfang 50, warum also nicht auf ein Neues? Das war Elkes Resümee, welches ist Ihres?

Ihre Bilanz

Ein solcher Neuorientierungsprozess ist aufregend – oder? Was ist Ihre Bilanz? Persönlich? Beruflich? Dieser Prozess war bzw. ist sicher nicht einfach. Doch überlegen Sie einmal ehrlich: Was wäre Ihre Alternative? Die nächsten 10, 20, ja 30 Jahre halbherzig weitermachen? Im Laufrad auf der Stelle treten? Sich immer mehr anpassen? Wieder und wieder mit dem Gefühl in die Firma gehen, eigentlich etwas anderes tun zu wollen? Jahre später dann eventuell mit dem Gefühl leben: Ich habe meine Chancen verpasst. Ich habe mich nie wirklich ausprobiert?

Zugewinn von neuen Fähigkeiten

Schauen Sie sich das Phasenmodell (S. 22) noch einmal an und ordnen Sie sich dort ein. Sie haben eine Idee von sich in der Zukunft in einem neuen Bereich, in neuen Funktionen, mit neuen Tätigkeitsmerkmalen, beispielsweise als Anlageberater, Maler, Lehrer, Manager und Geschäftsfrau. Ihre Kenntnisse und Fertigkeiten aus Ihrer früheren Berufstätigkeit sind Ihnen weitgehend geblieben, neue haben Sie hinzugewonnen und ausgebildet. Ihre Angebotspalette ist in der Regel breit und ausgewählt. Sie haben eine neue berufliche Identität gefunden und leben sie bereits, bzw. Sie wissen, wohin Sie wollen.

5.2 ANGESTELLT ODER SELBSTSTÄNDIG – HUND ODER WOLF?

Für einige von Ihnen wird es noch einmal besonders aufregend, wenn es darum geht, angestellt oder selbstständig tätig zu sein. Unsicherheiten und Ängste treten insbesondere dann auf, wenn bisher aufgrund der eigenen Erfahrungen oder aufgrund der Familientradition eine Form eindeutig präferiert wurde. Es macht einen Unterschied, ob Sie in einem Geschäftshaushalt aufgewachsen sind oder ob Ihre Eltern angestellt tätig waren. Die jeweilige Denkart und die Haltungen haben Sie bereits als Kinder mitbekommen und als normal verinnerlicht. Ein Wechsel ins andere Lager ist häufig mit Verunsicherungen und Vorbehalten verbunden. Für Elke war diese Entscheidung noch einmal richtig schwierig. Sie machte ihr große Angst. Was konnte nicht alles passieren. Elke verbrachte diverse schlaflose Nächte, bevor sie sich für die Selbstständigkeit entschied.

Übung 2

SIND SIE HUND ODER WOLF?

In Anlehnung an Bernhard Waldenfels (Ordnung im Zwielicht, Suhrkamp 1987) möchte ich Ihnen eine ungewöhnliche Frage stellen, die bisher manchem in dieser Situation die Entscheidungsfindung erleichtert hat: *Gehören Sie eher zu den Hunden oder zu den Wölfen?*

Zur Wahl stehen zwei Arten, die miteinander verwandt sind und die doch sehr unterschiedlich leben. Um im Bild zu bleiben: Exemplare beider Arten können stark, schlau, schön, aber auch dumm und hässlich sein. Zum Hintergrund: Hund und Wolf veranschaulichen den Unterschied zwischen Angestelltem und Selbstständigem, denn sie symbolisieren ihre unterschiedlichen Lebens- und Überlebensbedingungen. Keine der beiden Arten ist von Natur aus besser oder schlechter dran. Es heißt zwar »Leben wie ein Hund«, nur – manche Hunde leben recht gut. Die Wahl kann Ihnen niemand abnehmen. Aber ich möchte Ihnen für diese Entscheidung Kriterien und Hilfen an die Hand geben.

Für die weiteren Überlegungen schlage ich Ihnen vor, ein Experiment zu machen.

Angenommen Sie sollten sich als Hund beschreiben, so wie Sie jetzt sind, mit Ihren Eigenschaften, Haltungen und Erfahrungen:

Was für eine Rasse (Schäferhund, Pudel, Mischling usw.) sind Sie in dem Bild?

Ich bin ____

Wie sehen Sie als dieser Hund genau aus (groß, klein, gefährlich, knuddelig, gut genährt, treu, jung, alt usw. klug)?

Ich bin ______________________________

Ich habe ______________________________

Angenommen, Sie sollten sich als Wolf beschreiben, so wie Sie jetzt sind, mit Ihren Eigenschaften, Haltungen und Erfahrungen:

Was für eine Rasse sind Sie (Polarwolf, Rotwolf, usw.) in dem Bild?

Ich bin ______________________________

Wie sehen Sie als dieser Wolf genau aus (groß, klein, stark, gefährlich, kampferprobt, dürr, unerfahren, erfahren, jung, alt, schlau, usw.)?

Ich bin ______________________________

Ich habe ______________________________

Beschreiben Sie diese beiden nach Rasse, Größe und was Ihnen sonst noch einfällt. Es ist hilfreich, dabei das Wort »ich« zu verwenden, denn es erleichtert Ihnen, sich auf die Bilder einzulassen. Lassen Sie Ihrer Phantasie, wenn möglich, freien Lauf, und visualisieren Sie sich wirklich als Hund oder Wolf. Vielleicht finden Sie auch Fotos oder andere Bilder, die Ihnen entsprechen oder Anregungen geben.

Hund

Ein Hund, selbst ein Leithund, ist gezähmt und gehört zu jemandem, der von ihm in der Regel bestimmte Leistungen und Loyalität erwartet. Dafür wird er versorgt, er bekommt Futter und eventuell auch Streicheleinheiten. Die Aufgaben, wie eine Herde zu führen, Besitz zu schützen, Blinde zu begleiten oder Menschen zu ersetzen, werden ihm weitgehend zugewiesen. Er lebt alleine oder zu mehreren, manchmal wird er wie ein Familienmitglied, manchmal wie ein reines Arbeitstier behandelt.

Wolf

Der Wolf hingegen muss sich für sein Fressen und sein Überleben selbst umtun. Er kann sich allerdings mit seinesgleichen in einem Rudel zusammenschließen. Das Leben wird weitgehend durch die Gegebenheiten der Umwelt und die Geschicklichkeit des Wolfes, sie zu nutzen, bestimmt. Kein fremdes Wesen macht ihm Vorschriften. Er ist de facto nicht an Zeiten, feste Termine gebunden und kann herumstreifen. Niemand sorgt für ihn, dafür ist er alleine zuständig. Manchmal ist der Winter bitterkalt. Manchmal hat er Hunger und es ist nicht sicher, ob sich das am nächsten Tag ändern wird. Gegen Feinde muss er sich und sein Revier schützen.

Gehen Sie nun wieder in das Bild – Sie als Hund: Versuchen Sie sich vorzustellen, wie es ist, als Hund zu leben und zu überleben. Wo sehen Sie sich, auf dem Bauernhof, in der Familie, als Wachhund?

Haben Sie viel Auslauf oder sind Sie eher angekettet? Haben Sie einen Besitzer oder streunen Sie herum? Gibt es andere Hunde, wie ist der Umgang mit ihnen? Wo stehen Sie in der Hackordnung? Was müssen Sie tun, um Ihre Nahrung und alles Lebensnotwendige zu bekommen?

Wie gefällt Ihnen als Hund dieses Leben? (Ich fühle mich wohl, es fühlt sich eingeengt an usw.)

Malen Sie sich nun ein Leben als Wolf aus: Wo leben Sie (Steppe, Wald, nahe den Menschen, fern den Menschen)? Leben Sie allein oder führen Sie ein Rudel an oder sind Sie Teil eines Rudels?

Streunen Sie gerne rum? ________________________________

Gibt es reichlich Nahrung oder müssen Sie lange Zeit auf Beute warten?

____

Was müssen Sie tun, um alles Lebensnotwendige zu bekommen?

____

Wie gefällt Ihnen als Wolf dieses Leben? ____________________

Diese Fragen dienen Ihnen als Vorlage, je mehr Sie in die Bilder hineingehen, umso mehr wird Ihnen vermutlich einfallen, sodass Sie durch diese inneren Antworten klarer werden.

Frage: Haben Sie sich wohler als Hund oder als Wolf gefühlt?

____

Es ist hilfreich, die Sätze laut auszusprechen und gegenüberzustellen: Ich habe mich wohler als Hund gefühlt. Ich habe mich wohler als Wolf gefühlt. Spüren Sie, zu welcher Seite sich die Waage neigt? Wenn noch nicht, dann sagen Sie die Sätze noch einmal laut und versuchen Sie jeweils eine Begründung mit »weil« anzuhängen.

Lassen Sie das Experiment auf sich wirken und wiederholen Sie es gegebenenfalls.

Übertragen wir nun das Bild des Hundes auf die Angestelltentätigkeit. In dieser Beschäftigungsform gehen wir bis jetzt ein Tauschgeschäft ein: In einer festgelegten Zeit stelle ich meinem Arbeitgeber meine Arbeitskraft zur Verfügung. Um Aufgabenbereiche und Entscheidungsbefugnisse muss ich mich nicht zwingend kümmern. Sie werden mir zugeteilt oder qua Kompetenz zugesprochen. Wenn ich Glück habe, wird meine Leistung anerkannt und ich werde motiviert, besser zu werden. Meist bin ich nicht alleine, was sich oft als gut erweist. Am Ende des Monats erhalte ich im Gegenzug meinen

Übung 2

Gehaltsscheck. Woher das Geld kommt, ist in der Regel nicht meine Sorge.

Das Bild des Wolfes führt uns einen anderen Berufsentwurf vor Augen. Bin ich selbstständig tätig, dann muss ich selbst für mein Überleben sorgen. Ich muss mein Umfeld immer genau im Blick haben, um sicherzustellen, dass ich am Markt überleben kann. Ob Produkt oder Dienstleitung – das, was ich biete, muss nachgefragt werden, sonst erhalte ich kein Geld. Den Markt teile ich mir mit anderen, die Ähnliches anbieten. Ich kann versuchen, Sie auszustechen, mir eine Nische zu suchen oder mich aus Interessengründen mit anderen zusammenzuschließen. Egal welche Entscheidung ich treffe, ich kann die Verantwortung für das jeweilige Resultat nicht auf andere abwälzen. Niemand wird für mich sorgen. Meine Absicherungen muss ich selbst treffen. Alle Belange muss und kann ich dann eigenständig regeln, einschließlich meiner Zeiteinteilung. Um zu entscheiden, zu welcher Gruppe Sie gehören (wollen), erscheint es hilfreich, sich immer wieder den Preis, den Sie jeweils zahlen, vor Augen zu führen.

Fazit

Gehören Sie zu den »Hunden«, dann zahlen Sie für Sicherheit und letztendlich weniger Verantwortung mit der Aufgabe von Teilen Ihrer Selbstbestimmung. Im umgekehrten Fall besteht der Preis darin, für mehr Selbstbestimmung die Verantwortung für das Überleben und für alle Aktivitäten voll zu übernehmen und mit der Unsicherheit zu leben.

Das individuelle Austarieren zwischen Autonomie und Abhängigkeit ist psychologisch gesehen immer wieder eine Herausforderung an jeden Einzelnen von uns, privat wie beruflich. Die Frage stellt sich bei der Entscheidung, angestellt oder selbstständig, erneut.

Fiktive Sicherheit

»Der Rock des öffentlichen Dienstes ist eng, aber warm«, lautete früher ein plakativer Spruch, der in abgewandelter Form sicherlich auf viele größere Betriebe zutraf. Mittlerweile wird das damit verbundene Versprechen selbst im öffentlichen Dienst nicht mehr uneingeschränkt eingehalten. In vielen anderen Bereichen wurde die Loyalität der angestellten Mitarbeiter bereits enttäuscht. Handlungsspielräume wurden zurückgenommen, sodass die vertragsgemäß vorhandenen Abhängigkeiten erneut offensichtlich wurden. Die Sicherheit für Arbeitnehmer ist in den letzten Jahren vielfach fiktiv geworden. Das sollten Sie in Ihr Kalkül ziehen. Was ist schon sicher? Dennoch, angestellt tätig zu sein beinhaltet mehr als die Idee der Sicherheit. Es bedeutet eben auch, sich um weniger kümmern zu müssen und dadurch eventuell mehr Freiraum zu haben.

Verschiedene berufliche Identitäten

Selbstständig oder angestellt tätig zu sein, beides bedingt eine entsprechende berufliche Identität. Selbst Personen, die große Betriebe als Geschäftsführer oder in vergleichbarer Funktion geleitet haben, scheinen Schwierigkeiten zu bekommen, wenn sie Betriebe auf eigene Rechnung übernehmen. In die Identität als Unternehmer müssen sie häufig erst hineinwachsen. Für diejenigen, die damit groß geworden sind, ist das kein Thema. Sie haben die Haltung eines Unternehmers quasi mit der Muttermilch eingesogen, die andere erst (mühsam) entwickeln müssen. Firmeneigner, die sich aufgrund von Unternehmensübernahmen in der Rolle des leitenden Angestellten wiederfinden oder deren Befugnisse durch Hinzuziehung von Partnern eingeschränkt wird, tun sich mit der neuen Rolle häufig ebenfalls schwer.

Als zusätzliche Anregung für Ihre Überlegungen kann Ihnen die folgende Checkliste dienen. Mithilfe der Fragen können Sie sich bewusst machen, inwieweit familiäre Regeln oder innere Stimmen Ihre Entscheidung beeinflussen. Darüber hinaus gibt sie Ihnen Ideen, welche Sicherungsnetze Sie je nach Entscheidung einziehen können. Das gibt Ihnen mehr Spielraum: Sie können wieder zurück.

MÖCHTE ICH LIEBER ANGESTELLT ODER SELBSTSTÄNDIG ARBEITEN?

Stellen Sie eine Liste all Ihrer familiären Regeln und Annahmen auf, die sich auf *angestellt* oder *selbstständig* beziehen (z. B. »Von der Hände Arbeit ist noch nie jemand reich geworden« oder »Selbstständige haben nie Feierabend«.):

Überprüfen Sie diese an Ihrer Realität. Stimme ich ihnen zu?

Welche Erwerbsformen gibt es in Ihrer Familie mehrheitlich? Welche Erfolgs- oder Misserfolgsgeschichten werden erzählt?

Was kann ich davon lernen? Was sollte ich vermeiden?

Was möchte ich in meinem beruflichen Leben verwirklichen?

Was ist für mich wichtig und unverzichtbar?

Was ertrage ich schlecht?

Was ist das Schlimmste, was mir passieren kann, wenn ich selbstständig/angestellt arbeite? (Bei Bedarf für beide Optionen.)

Wie viel Zeit gebe ich mir für meinen Versuch? Was bin ich bereit einzusetzen?

Unter welchen Bedingungen werde ich nicht länger angestellt arbeiten bzw. meine Selbstständigkeit aufgeben?

Was darf nicht geschehen?

Wann bin ich im Gegensatz dazu erfolgreich?

Welche Rahmenbedingungen sind für mich bei einer angestellten/ selbstständigen Tätigkeit unverzichtbar?

Bei angehender Selbstständigkeit: Welche Rückkehrmöglichkeiten kann ich vereinbaren? (Denken Sie an: Beurlaubung, Einsatz eines Sabbatjahres, Absprachen mit dem Partner usw. Bei Existenzgründung aus der Arbeitslosigkeit ist es wichtig, Fristen für eine Rückkehr in die Sozialsysteme beachten.)

Mit beiden Tätigkeitsformen sind Haltungen verbunden. Es ist nun an Ihnen, vielleicht auch unter Hinzuziehung von Freunden, herauszufinden, was zu Ihnen passt.

Bei Verunsicherung

Es handelt sich um eine wichtige Entscheidung mit möglichen Konsequenzen. Sie wissen es natürlich längst: Angesichts großer emotionaler Umstellungen mit Verunsicherung zu reagieren gehört dazu. Seien Sie versichert, dass in dem vorangegangenen Prozess die Weichen schon längst in die eine oder andere Richtung gestellt worden sind.

Vergessen Sie die Stoppschilder nicht. Der Einsatz kann hilfreich sein, wenn Sie merken, dass Sie Gedanken voller Vorbehalte oder Angst bestürmen. Da Sie mittlerweile diverse Abwehrprozesse durchgestanden und sich in dieser Hinsicht auch kennengelernt haben, können Sie auf diese Erfahrungen zurückgreifen und werden einen konstruktiven Umgang damit entwickeln.

Stoppschilder

Manch einer von Ihnen, der diese Zeilen liest, ist vielleicht noch im Entscheidungsprozess und überlegt, ob er eine zweite Karriere wagen soll. Ich hoffe, auch für Sie zeichnet sich nach dem Lesen des Buches ein Weg ab und die Ambivalenz konnte gemindert werden.

5.3. ZUSAMMENFASSUNG: BEWUSSTE ENTSCHEIDUNG

Nun kann ich Ihnen nicht viel mehr mit auf den Weg geben. Sie haben die Chance genutzt, Ihren beruflichen Lebensweg noch einmal zu überprüfen und gegebenenfalls Alternativen zu entwickeln. Damit diese im Einklang mit Ihnen stehen, haben Sie sich auf einen persönlichen Entwicklungsprozess eingelassen. Bezogen auf Ihre beruflichen Perspektiven haben Sie daraufhin eine bewusste Entscheidung getroffen. Unabhängig, ob Sie sich beruflich ganz neu orientiert haben, in ähnlichen Feldern mit anderen Schwerpunkten tätig sein werden oder ob Sie überwiegend in Ihrem vorherigen Rahmen agieren wollen – Sie haben Ihren weiteren beruflichen Weg nicht einfach aus Gewohnheit weitergeführt, sondern haben Ihre berufliche Entwicklung neu definiert. Sie haben selbstbestimmt gewählt, was Sie mit und in Ihrem Leben machen wollen.

Dazu kann man nur gratulieren!

ANHANG

DER COACH ALS LOTSE BEI EINER BERUFLICHEN NEUORIENTIERUNG

Braucht man einen Coach bei einer beruflichen Neuorientierung?

Zunächst möchte ich darauf hinweisen, dass es nicht zwingend erforderlich ist, einen Coach bei einer beruflichen Neuorientierung an der Seite zu haben. Aber einen zu haben, und sei es auch nur punktuell, kann sehr hilfreich sein. Dies gilt sowohl für Sie, die es direkt betrifft, wie auch indirekt für Ihre Angehörigen. Denn es entlastet Ihr Umfeld, wenn Sie im Bedarfsfall auf eine professionelle Unterstützung zurückgreifen können.

Welche Rolle hat ein Coach bei einer beruflichen Neuorientierung?

Den Begriff Coach kennen die meisten vom Sport. Gemeint ist damit eine Person, die die Aufgabe hat, den Sportler mental und psychisch in die Lage zu versetzen, mit seinen Befindlichkeiten umzugehen, damit er gewinnen kann. Dies kann ein Trainer sein, jedoch wird bei Hochleistungssportlern häufig eine zusätzliche Person für diese Aufgabe eingesetzt.

Seit einigen Jahren wird der Begriff Coaching auch in der Berufswelt verwendet. Die Tatsache, dass auch Führungskräfte zur Bewältigung neuer Aufgaben und komplexer Probleme Unterstützung brauchen, führt dazu, dass externe Berater nachgefragt werden. Bei der Entwicklung von Berufsrollen und -funktionen werden Menschen durch einen Prozess begleitet. Der Coach ist ein Prozessberater, der keine vorgefertigten Lösungen gibt. Sie werden stattdessen gemeinsam entwickelt. Der Coach ist ein kompetenter Feedbackgeber, der Ihnen als Berater (von außen, ohne eigene Interessen) seine Erfahrung und seine Sicht der Dinge zur Verfügung stellt. Dabei sichert er Ihnen selbstverständlich seine Diskretion zu. Die Förderung der Persönlichkeitsentwicklung ist dabei integraler Bestandteil. Den Prozess selbst bezeichnet man als Coaching.

Berufliche Neuorientierung kann man mit einem Aufbruch in ein für Sie unbekanntes Land oder fremdes Gewässer vergleichen. Die Funktion des Coachs ist der eines Lotsen sehr ähnlich. Er hilft, Klippen zu umschiffen, Unterströmungen zu erkennen, und weiß, wo freie Fahrt angesagt ist. Dabei berücksichtigt er, dass jedes Schiff anders im Wasser liegt und zum Wind steht. Dies gibt erfahrungsgemäß ein Gefühl von Sicherheit. Es beruhigt, gerade wenn kein Land in Sicht ist und Sie zu zweifeln beginnen, ob denn alles so richtig ist.

Wie oft und wo trifft man seinen Coach?

Das hängt von Ihnen ab. Sie holen sich Ihre Unterstützung immer dann, wenn Sie denken, dass Sie eine brauchen. Anders als in einer Therapie gibt es selten einen regelmäßigen Termin. Sie treffen sich also in unregelmäßigen Abständen, z.B. alle drei Wochen, monatlich, alle zwei Monate oder nach Bedarf.

In der Regel werden mindestens zwei Stunden angesetzt. Die Dauer kann, je nach Komplexität des Themas, auch länger veranschlagt werden. Coachingsitzungen sind nicht an einen festen Ort gebunden. Sie können in einem Restaurant genauso wie in einer Praxis stattfinden. Im Einzelfall können Sitzungen auch telefonisch abgehalten werden.

Was muss man bei der Wahl eines Coachs beachten?

Die Berufsbezeichnung ist bis jetzt nicht geschützt, d.h. Coach kann sich jeder nennen. Die meisten seriös tätigen Coachs kommen entweder aus dem betriebswirtschaftlichen Spektrum oder aus therapeutischen Berufen. Da es sich bei einer beruflichen Neuorientierung, wie ich sie verstehe, um einen Identitätsbildungsprozess handelt, halte ich es für wichtig, dass ein Berater ausreichend therapeutisch qualifiziert ist. In diesem Buch habe ich beschrieben, wie Blockaden entstehen und wirken. Sie erinnern sich vermutlich an Elke, als sie auf der Stelle trat. Ihr Coach leitete sie an, in ihre innere Welt zu gehen. Sie erfuhr sich als kleines Mädchen, das Angst hatte, die falsche Tür zu öffnen. Nun hatte sie den Zugang zu dem, was sie blockierte, und konnte etwas später sich auch entscheiden. Im Rahmen einer beruflichen Neuorientierung werden häufig Ängste und Abwehrprozesse mobilisiert. Um hier angemessen intervenieren zu können, bedarf es seitens des Coachs eines therapeutischen Verständnisses und einer entsprechenden Ausbildung.

Überprüfen Sie, ob es für Sie eine eindeutige Präferenz für die Arbeit mit einem Mann oder einer Frau gibt. Wenn Sie Unterstützung wünschen, ob über einen längeren Zeitraum oder punktuell, dann machen Sie ein Vorgespräch aus. Es kann in Form eines persönlichen Treffens oder eines ausführlichen Telefonats stattfinden. Achten Sie darauf, wie es Ihnen bei einem solchen Gespräch geht. Fühlen Sie sich verstanden, gibt es genügend Zeit? In einem solchen Vorgespräch wird die Ist-Situation erhoben und die gegenseitigen Erwartungen werden abgeklärt. Nehmen Sie die Gelegenheit wahr und erkundigen Sie sich nach den bisherigen Erfahrungen und Ausbildungen des jeweiligen Beraters und seinem Selbstverständnis als Coach. Welche Erfahrungen hat er mit beruflicher Neuorientierung? Die Arbeitsweise des Coachs muss für Sie nachvollziehbar und transparent sein. Kommt es zu einer ersten Zusammenarbeit: Prüfen Sie, ob Sie zu diesem Menschen, der vor Ihnen sitzt, Vertrauen haben und sich unterstützen lassen können. Neben der Qualifikation ist dies das entscheidende Kriterium. Was helfen Ihnen ein bekannter Name, viele Referenzen, wenn Sie ihn oder sie unsympathisch finden? Wenn Sie unsicher sind, vereinbaren Sie ein zweites Gespräch. Während ein Vorgespräch in der Regel unverbindlich und kostenlos ist, kann ein solch zweites Gespräch durchaus kostenpflichtig sein. Gegebenenfalls wird auch der Berater ein zweites Gespräch vorschlagen. Coaching ist immer eine Arbeit auf Gegenseitigkeit. Ein seriöser Coach wird seinerseits prüfen, ob er bereit ist, sich auf Sie einzulassen.

Sie bestimmen, was das Ziel des Coachings ist. Der Berater kann entsprechend den Auftrag annehmen oder ablehnen. Coaching ist immer zeitlich begrenzt. Sollte das Problem oder die Aufgabe, für die Coaching in Anspruch genommen worden ist, gelöst oder die Zeit abgelaufen sein, dann ist dieser Prozess beendet. Sollte weiterer Bedarf bestehen, werden Ziel und Modalitäten erneut ausgehandelt. Die Bezahlung erfolgt nach Stunden. Es gibt weder ein Erfolgshonorar noch Prämien. Die Bezahlung entspricht in der Regel den Stundensätzen anderer freier Berufe. In der Regel reicht eine mündliche Vereinbarung.

Wie findet man einen passenden Coach?

Wie bei vielen freien Berufen ist Mund-zu-Mund-Propaganda ein guter Weg, um an Adressen zu kommen. Darüber hinaus finden Sie weitere Adressen im Internet:

- Berufsverband Deutscher Psychologinnen und Psychologen www.bdp-verband.org
- Deutsche Gesellschaft für Karriereberatung e. V. www.dgfk.org
- Coach-Datenbank, www.rauen.de

INFORMATIONEN FÜR ANGEHÖRIGE

Erfahrungsgemäß sind auch Partner von Ihrer Entscheidung für eine berufliche Neuorientierung betroffen. Der Partner erlebt die Veränderungsprozesse mit. Nur, seine Situation ist eine andere. Die folgenden Erläuterungen richten sich nun an Ihre Lebensgefährtin/Ihren Lebensgefährten.

Partner erleben den Prozess oft hautnah mit. Sie sind in der Regel die Ersten, die die Stimmungsschwankungen »abbekommen«. In einer gut funktionierenden Beziehung sind sie diejenigen, die auffangen und auch ertragen. Bei vielen Klienten konnte ich beobachten, wie wichtig der Beistand und das Zutrauen des Partners und der Familie für die Betreffenden waren. Genauso habe ich gesehen, wie schwierig es werden kann, wenn das nicht der Fall ist. Als Angehöriger sollten Sie darüber informiert sein, was es mit einem solchen Prozess der beruflichen Neuorientierung auf sich hat. Es darf schließlich nicht vernachlässigt werden, dass Sie als direkter Angehöriger mit betroffen sind. Daher sollten auch Sie sich Ihre Bedürfnisse und eventuellen Vorbehalte bezüglich der anstehenden Veränderungen bewusst machen und formulieren.

Eine berufliche Neuorientierung beeinflusst vermutlich jede Paarbeziehung zwangsläufig. In der Regel bedeutet ein solcher Prozess jedoch nicht nur Belastung, sondern stellt eine Bereicherung für Ihre Beziehung dar. So können Sie selbst viele neue Anregungen erhalten. Um mögliche Missverständnisse weitgehend zu vermeiden, sind Absprachen dringend erforderlich.

Was ist zu Beginn dieses Prozesses zu beachten?

Ihre Partnerin, Ihr Partner ist mit ihrer/seiner beruflichen Situation unzufrieden. Die Gründe können sehr verschieden sein. Er (im weiteren Verlauf werde ich mich aus Gründen der Lesbarkeit wie bereits im Haupttext auf die männliche Schreibform beschränken, es ist natürlich auch immer das weibliche Geschlecht gemeint) überlegt auszusteigen, bzw. hat sich schon innerlich dazu entschieden.

Sie sollten sich Ihrerseits überlegen, wie Sie zu diesem Projekt Ihres Partners stehen.

MEIN LEBENSPARTNER ORIENTIERT SICH NEU. WIE STEHE ICH DAZU?

Was halte ich von dem Vorhaben meines Partners?

____

Was hat er mir darüber erzählt?

____

____

Was glaube ich, warum er das macht?

____

Finde ich den Schritt unterstützenswert?

____

Was sage ich Freunden über das Vorhaben des Partners?

____

Was sage ich Fremden über das Vorhaben des Partners?

____

____

Stehe ich selbst hinter diesem Vorhaben?

Was macht mir in diesem Zusammenhang Sorgen?

Bin ich neidisch, wenn ich mir vorstelle, dass mein Partner sich eine Auszeit nimmt?

Wenn nicht, warum eigentlich nicht?

Brauche ich eine Sicherheit, eine Gegenleistung, damit ich meinen Partner unterstützen kann?

Wenn ja, welche?

Wie soll diese genau aussehen?
Wie könnte eine Absprache aussehen?

Was soll nach meinem Dafürhalten meine Rolle in dem Prozess sein?

Weiß ich, welche Rolle ich seiner Meinung dabei haben soll? Welche?

Was erhoffe ich mir von diesem Prozess?

Welche möglichen Konflikte sehe ich?

Was darf auf keinen Fall passieren?

Wie können Konflikte m. E. gelöst werden?

Wann würde ich sagen »Es war eine gute Entscheidung von meinem Partner«?

Nehmen Sie sich zur Beantwortung der Fragen Zeit und seien Sie ehrlich mit sich. Ihre Antworten können Sie als Grundlage für ein Gespräch mit Ihrem Partner nutzen. Sie haben jetzt vermutlich einen genaueren Überblick über die Regelungen, die Sie brauchen, darüber, was Ihnen Sorge macht und was Sie sich wünschen.

Absprachen treffen

Seien Sie auch im Weiteren ehrlich mit sich und dem anderen. Vor allem, reden Sie mit Ihrem Partner über die unterschiedlichen Vorstellungen, damit Sie gegenseitig wissen, was Sie voneinander erwarten. Es gibt zwar keine Garantie, aber Aussprachen und genaue Absprachen minimieren das Konfliktpotenzial.

Wenn Sie in einer Wirtschaftsgemeinschaft leben, dann ist es jetzt höchste Zeit, wichtige Punkte abzuklären. Überlegen Sie, wie viel Zeit Sie Ihrem Partner fürs Erste zugestehen. Wann wollen Sie den Prozess noch einmal gemeinsam hinterfragen, falls Sie nicht sowieso laufend eingebunden sind. Ein solcher Zeitraum für eine Neubetrachtung sollte nicht unter sechs Monaten angesetzt werden.

Genauso wie Sie jetzt Ihren Partner unterstützen, kann hinsichtlich Ihrer eigenen beruflichen Perspektiven möglicherweise eine vergleichbare Verabredung getroffen werden. Dies könnte so aussehen, dass Sie in einem festen Zeitrahmen den Freiraum bekommen, sich weiterzuentwickeln, und Ihr Partner Sie in dieser Zeit seinerseits entlasten wird.

Durch die anstehende Veränderung wird sich vermutlich Ihre Haushaltsorganisation ändern. Es geht jetzt darum, dass Sie darüber Vereinbarungen treffen. Dazu zählen Geld und, wenn Kinder vorhanden sind, Kinderbetreuung sowie die allgemeinen Aufgabenverteilungen. Auf die Einhaltung der Absprachen sollten Sie bestehen. Wenn diese sich als nicht praktikabel erweisen, dann treffen Sie neue. Reden Sie miteinander darüber, sonst bahnt sich irgendwann ein heimlicher Groll seinen Weg. Dies tut keinem gut.

Was versteht man unter einer beruflichen Neuorientierung?

Wie das Wort Neuorientierung schon nahelegt, handelt es sich um einen Prozess, in dem sich der Betreffende beruflich neu orientiert. Dies kann im Endeffekt bedeuten, dass jemand später einen anderen Beruf ausübt, in einer anderen Branche tätig ist, die Klientel grundlegend wechselt, statt angestellt tätig zu sein sich selbstständig macht oder umgekehrt. Es geht also darum, die weitere berufliche Entwicklung noch einmal neu zu bestimmen und dabei die eigene Bestimmung zu finden.

Viele Menschen kommen nach einigen Jahren Berufstätigkeit an Grenzen, entweder weil sie alles in ihrem Feld Mögliche erreicht haben oder weil sie sich in ihrem jetzigen Feld sehr unwohl fühlen. Sie sind gelangweilt, finden keine Herausforderung mehr und resignieren. Andere haben das Gefühl, sich neu ausprobieren zu wollen. Wieder andere sind an diesem Punkt stark mit der Sinnfrage beschäftigt. Es handelt sich also nicht um einen bloßen Wechsel von einer Firma zur nächsten. Ihr Partner ist auf der Suche nach grundsätzlich neuen beruflichen Perspektiven, die im Einklang mit seiner Person stehen. Er braucht Zeit, um einen neuen Zugang zu seinen Wünschen, Fähigkeiten und Interessen zu finden.

Hier liegt der Schlüssel, um bisher unbekannte Ressourcen für eine neue berufliche Karriere zu erschließen. Aus der Beschreibung wird sicherlich deutlich, dass zu Beginn nicht feststeht, wie eine berufliche Umsetzung aussehen wird. Das ist auch gar nicht anders möglich, weil die Entwicklung einer neuen beruflichen

Identität notwendig ist. Wenn der Begriff Identität verwendet wird, ist die Rede von etwas (einer Eigenschaft, der Heimat, dem Glauben, der Hautfarbe, dem Beruf), das als unverzichtbar für die eigene Person gilt. Wir zählen dazu alles, was uns dauerhaft ausmacht. Für eine solche berufliche Neuorientierung ist ein persönlicher Entwicklungsprozess unverzichtbar. Es handelt sich um einen Prozess, der typischerweise nicht linear verläuft, sondern manchmal auch vor und zurück. Oft gibt es Blockaden, die einer Entwicklung entgegenstehen. In der Regel sind sie in der Person begründet: ihrer Geschichte, ihrer Herkunftsfamilie, ihren Bildern über die Welt. Diese Hindernisse müssen erkannt, überprüft und bewältigt werden.

Auf was muss ich mich einstellen?

Ihr Partner wird sich mit vielem befassen: Berufliche Bestandsaufnahme gehört genauso dazu wie herauszufinden, was ihn eigentlich interessiert. Es geht darum, Talente und Interessen zu entdecken. Situationen aus seinem früheren Beruf oder der alten Firma werden ihn ebenfalls beschäftigen, denn der Weg zur zweiten Karriere geht über die Verabschiedung von der ersten. Das ist Arbeit. Insbesondere wird von Ihrem Partner viel Reflexion und Selbsterkenntnis gefordert. Emotional wird er vermutlich manchmal Höhen und Tiefen erleben – und Sie mit.

Es ist für Sie als Angehöriger manchmal verwirrend, mit jemandem zu leben, der nicht genau formulieren kann, was er will. Zusätzlich ist der Jemand in einer Umbruchsituation. Er durchlebt typische psychische Prozesse, die mit Veränderung einhergehen. Damit etwas Neues entstehen kann, muss das Alte aufgegeben werden. Währenddessen fühlen sich und sind Menschen relativ ungeschützt, da die alten Muster und Schutzfunktionen sich in Auflösung befinden. Dies verunsichert die Betreffenden verständlicherweise und macht sie meist sensibler.

Was kann ich tun?

Zeit zum Zuhören

Wenn Sie Ihren Partner unterstützen wollen und er von Ihnen Hilfe annehmen kann, dann nehmen Sie sich Zeit, ihm zuzuhören. Seine früheren beruflichen Zusammenhänge bestehen nicht mehr, neue gibt es noch nicht. Er braucht jemanden zum Reden und zum Austausch.

Wenig Druck

Achten Sie darauf, selbst nicht zu schnell ungeduldig zu werden. Das ist besonders wichtig, wenn Sie mit einem sehr leistungsorientierten Partner zusammen sind. Solche Personen neigen von Hause aus dazu, sich selbst unter Druck zu setzen. Jeder muss seinen eigenen Rhythmus finden. Dazu gehört, dass viele lernen müssen, den Zustand auszuhalten: nicht zu wissen. Häufig muss erst diese Bedingung erfüllt sein, damit Wachstum möglich wird.

Hin und Her als normal akzeptieren

Sie helfen Ihrem Partner, wenn Sie das Auf und Ab (mal kommt er voran, mal tritt er auf der Stelle) als normal betrachten. Dennoch, achten Sie darauf, dass Sie nicht jede seiner Stimmungen mitmachen. Wenn es ihm mal schlecht geht, dürfen Sie trotzdem »gut drauf« sein. Ihre Aufgabe wird es höchstwahrscheinlich sein, den stabileren Part zu übernehmen. Das kann sich auf den emotionalen oder auch auf den beruflichen Bereich erstrecken. Das heißt dennoch nicht, dass Sie sich alles gefallen lassen sollten. Stimmungsschwankungen bedeuten nicht Misslaunigkeit.

Partner fragen

Fragen Sie Ihren Partner, welche Unterstützung er von Ihnen braucht bzw. was er als unterstützend erlebt. Bieten Sie ihm feste Zeiten für Gespräche an. Er muss entscheiden, ob er Ihr Angebot annimmt oder einen anderen Vorschlag hat. Ein eventuelles

»Nein« sollten Sie nicht automatisch als gegen sich gerichtet betrachten.

Berufliche Neuorientierung ist Arbeit

Ihr Partner braucht jetzt Freiraum, um Neues zu erkunden und um Menschen zu treffen. Das gehört nun zu seiner Arbeit. Geben Sie ihm diesen Freiraum. Auch Sie können profitieren, wenn neue Ideen und Impulse Ihre Beziehung bereichern. Wenn ich von Freiraum spreche, heißt das nicht, dass Sie nicht auf Verabredungen und Verpflichtungen bestehen sollen. Sie dürfen erwarten, dass er auch Ihre Belange berücksichtigt.

Seien Sie neugierig auf Ihren Partner

Im Rahmen dieses Prozesses wird Ihr Partner vermutlich Neues an sich bzw. neue Fähigkeiten und Interessen entdecken. Vielleicht ist er musisch begabt, vielleicht ein Verkaufs- oder Organisationstalent, vielleicht entdeckt er seine Liebe zu alten Büchern oder Antiquitäten, vielleicht setzt er das um, was er schon immer gesagt, aber nie getan hat. So werden auch Sie neue Seiten entdecken. Manche werden anfänglich wie zarte Pflanzen sein. Vorsicht! Spott und Ironie würgen solche empfindlichen Sprösslinge ab. Daher geben Sie ihm und sich eine Chance, indem Sie bereit sind, sich überraschen zu lassen.

Sorgen Sie gut für sich

Die Zeit an der Seite eines Partners, der sich in eine solche Umbruchsituation begibt, ist für Sie vermutlich aufregend und manchmal anstrengend. Wenn Ihr Partner unausgeglichen ist oder keine Zeit hat, bedeutet sein Verhalten noch lange nicht, dass das gegen Sie gerichtet ist. Wenn Sie es genauer wissen wollen, fragen Sie ihn. Umbruchzeiten bieten besonders viele Gelegenheiten für Missverständnisse, da man den Partner (und er sich selbst) in der neuen Situation nicht so gut kennt wie in der vertrauten Vergangenheit. Fragen und miteinander reden sind also gerade jetzt angebracht.

Ansonsten ist jetzt auch *die* Gelegenheit, etwas für Sie selbst zu tun. Überlegen Sie, worauf Sie Lust haben. Sie brauchen Ihre Auszeiten, insbesondere wenn Sie zusammenleben. Handeln Sie diese Zeiten mit Ihrem Partner aus – und nutzen Sie diese. Dann sollte Ihr Wohlergehen im Mittelpunkt stehen und nicht, wie es ihm geht.

Sie brauchen darüber hinaus andere Menschen, mit denen Sie sich über Ihre Situation austauschen können. Gibt es einen Freund, eine Freundin, die dafür infrage kommt?

Ihr Partner wird manchmal angestrengt sein und es wird Zeiten geben, da wird er vermutlich um seine berufliche Zukunft kreisen. Er schläft mit den gleichen Themen ein, mit denen er wieder aufwacht. Der Prozess einer beruflichen Neuorientierung tangiert viele Bereiche einer Person, sodass man zu einigen Zeiten von diesem Prozess ganz erfüllt ist. Vielleicht achten Sie darauf, mit Ihrem Partner gemeinsame Auszeiten zu vereinbaren. Vielleicht bietet es sich an, ein paar Tage außerhalb Ihres Zuhauses zu entspannen. Das tut den meisten Beziehungen gerade in solchen Zeiten gut.

Vielleicht haben Sie als Partner, als Partnerin jetzt Lust bekommen, mehr zu erfahren, und sich entschieden, das ganze Buch zu lesen. Dann wünsche ich auch Ihnen viel Spaß.

VERZEICHNIS DER CHECKLISTEN

VERZEICHNIS DER ÜBUNGEN

LITERATUREMPFEHLUNGEN

Analyse der Berufsbiographie:

Schein, Edgar H., Karriereanker – Die verborgenen Muster Ihrer beruflichen Entwicklung, Darmstadt 2005

Karriereratgeber:

Bolles, Richard Nelson, Durchstarten zum Traumjob – Ein Handbuch für Ein-, Um- und Aufsteiger, Frankfurt am Main 2002

Brenner, Doris/Brenner, Frank, Karrierefaktor Self Assessment, m. CD-ROM, Freiburg i. Br. 2004

Hesse, Jürgen/Schrader, Hans Christian, Das Bewerbungshandbuch, Frankfurt am Main 2002

Hesse, Jürgen/Schrader, Hans Christian, Die perfekte Bewerbungsmappe für die Initiativbewerbung, Frankfurt am Main 1999

Kals, Ursula, Mut zum Wechsel, so gelingt Ihnen der Aufbruch in die Zweite Karriere, Frankfurt am Main 2007

Kommunikation, Beratung und Coaching:

Bohm, David, Der Dialog. Das offene Gespräch am Ende der Diskussionen, Stuttgart 1998

Fatzer, Gerhard u.a., Qualität und Leistung von Beratung (Supervision, Coaching und Organisationsentwicklung), Köln 1999

Looss, Wolfgang, Unter vier Augen. Coaching für Manager, Frankfurt am Main 2002

Schein, Edgar H., Prozessberatung für die Organisation der Zukunft: Der Aufbau einer helfenden Beziehung, Köln 2000

Schulz von Thun, Friedemann, Miteinander reden 1 und 2, Hamburg 2002

Senge, Peter M., Das Fieldbook zur fünften Disziplin, Stuttgart 1996

Senge, Peter M., Die Fünfte Disziplin, Stuttgart 1996

Tannen, Deborah, Das hab' ich nicht gesagt, München 1999

Psychologische Hintergründe:

De Roeck, Bruno-Paul, Gras unter meinen Füßen – Eine ungewöhnliche Einführung in die Gestalttherapie, Offenbach 1985

Miller, Alice, Das Drama des begabten Kindes – eine Um- und Fortschreibung, Frankfurt am Main 1996

Simon, Fritz B., Die Familie des Familienunternehmens. Ein System zwischen Gefühl und Geschäft, Heidelberg 2002

Stevens, John O., Die Kunst der Wahrnehmung. Übung der Gestalttherapie, Gütersloh 2002

Von Schlippe, Arist, Familientherapie im Überblick – Basiskonzepte, Formen, Anwendungsmöglichkeiten, Paderborn 1995

Watzlawick, Paul, Anleitung zum Unglücklichsein, München 1988

Ergänzt durch:

Erkenntnisse aus der Hirnforschung:

Roth, Gerhard, Aus Sicht des Gehirns, Frankfurt am Main 2003

Eine interessante Analyse über die Veränderung der Berufswelt:

Sennett, Richard, Der flexible Mensch. Die Kultur des neuen Kapitalismus, Berlin 2000

Eine provokante soziologische Betrachtung über die Folgen in der Gesellschaft und für den Einzelnen:

Sennett, Richard, Die Kultur des neuen Kapitalismus, Berlin 2005

Einen lebensbejahenden Roman:

Coehlo, Paulo, Veronika beschließt zu sterben, Zürich 2000

Eine Geschichte von einem, der auszog und sich dabei auch selbst fand:

Mercier, Pascal, Nachtzug nach Lissabon, München 2008

DANKE

Die dritte Auflage gäbe es nicht ohne die erste. Daher möchte ich in meinem Dank auch weiterhin diejenigen erwähnen, die maßgeblich zur Entstehung beigetragen haben. Ein Buch wird von einem Autor geschrieben, das klingt so selbstverständlich. Ich bin mittlerweile der festen Überzeugung, dass in der Regel immer mehr Menschen als ein Autor an der Entstehung bzw. am Zustandekommen eines Buches beteiligt sind. Das trifft jedenfalls auf mich zu. Ohne die persönliche Unterstützung, ohne die Überzeugung anderer, dass sich der Aufwand lohnt, hätte ich keinen Ratgeber entwickelt und vertieft. Freunde und Bekannte haben mir ihre Zeit und Aufmerksamkeit geschenkt. Sie haben es getan trotz oft großer eigener beruflicher Belastung. Diese Tatsache hat mich in meinem Vorhaben besonders bestärkt. Mir ist es ein Anliegen und Bedürfnis, einige namentlich zu nennen.

Ohne Dr. Wolfgang Looss würde es dieses Buch gar nicht geben. Es war seine Idee, meine Überlegungen in Buchform herauszubringen. Sein Glaube an den Sinn dieses Projektes und sein Zutrauen in mich haben mir den Mut gegeben, zu schreiben und den Text wieder und wieder zu bearbeiten. Er ist ein Mentor, dessen Einfühlungsvermögen, Klarheit und Genauigkeit mich tief beeindrucken. Auch nach Erscheinen des Buches hat er mich weiter wohlwollend begleitet. Er hat mich immer wieder neue Einsichten über Möglichkeiten und Unmöglichkeiten persönlicher Selbstveränderung gelehrt. Seinen liebevoll pragmatischen Blick empfinde ich als wohltuend. Ich bin ihm sehr dankbar.

Herr Dr. Ingo Kowarik hat mir seinen Blick als Naturwissenschaftler zur Verfügung gestellt. Er hat mit seinem unvoreingenommenen Außenblick scheinbare Klarheiten hinterfragt. Von seiner großen Erfahrung mit Texten habe ich ebenfalls profitiert.

Bedanken möchte ich mich auch bei meinen Kollegen Hannes Reinhard, Gisela Borgmann und meinem Kollegen und Freund Kurt Gahleitner, die mich sehr ermutigt haben. Sie standen für fachliche Diskussionen zur Verfügung, haben viele Anregungen gegeben und so zum Gelingen beigetragen. Meine Freundin Heike Deissler war für die Entwicklung des Buches zentral. Sie war die erste Person, die es gelesen und für ihre berufliche Neuorientierung genutzt hat. Von ihr und ihrem Blickwinkel als Nutzerin habe ich wertvolle Verbesserungsvorschläge erhalten.

Frau Regina Dostal hat als Lektorin der Erstauflage diese mit viel Engagement vorangetrieben. Sie war bei Bedarf immer ansprechbar und eine konstruktive Diskussionspartnerin.

Ich bedanke mich bei der Programmleiterin des GABAL Verlags Frau Ute Flockenhaus, die sich für dieses Buch entschieden und diese Auflage erst möglich gemacht hat. Frau Uta Graßhoff, meine neue Lektorin, hat mit ihrer frischen Sicht mich angeregt, einige Passagen noch einmal gegen den Strich zu bürsten, die Checklisten zu ergänzen und zu präzisieren. Sie hatte die Idee, das Buch durch zwei ausformulierte Übungen noch lebendiger und bunter zu machen.

Tobias Zuchtriegel, mein Partner, hat viel Zeit, Interesse und Engagement für mich und mein Projekt aufgebracht. Er war sehr geduldig mit mir, was ihm sicherlich nicht immer leichtfiel. Für mich war er der Fels in der Brandung. Am Zustandekommen des Buches hat er einen großen Anteil. Seine genauen Nachfragen und die vielen Diskussionen, die wir geführt haben, haben mich gezwungen, meinen Ansatz immer klarer zu formulieren. Von seiner Erfahrung im Umgang mit Texten habe ich ebenfalls gelernt. Auch für die Überarbeitung dieser Auflage stand er an meiner Seite, war als Diskussionspartner wie als Unterstützer für mich unverzichtbar.

Mein Dank gehört selbstverständlich im besonderen Maße Elke, die sich bereit erklärt hat, ihre Geschichte – mit all ihren Umwegen – zu erzählen und andere an den einzelnen Entwicklungsschritten teilhaben zu lassen.

Es hat mich gefreut und gerührt, wie viel Bereitschaft mir insgesamt entgegengebracht wurde. Ich fühle mich bereichert und beschenkt.

Klienten und Leser haben mir ihre Anregungen gegeben, die ich in den Text miteinbezogen habe. Sie haben so dazu beigetragen, das Buch noch besser und präziser zu machen. Ich möchte mich bei all meinen Lesern und Leserinnen bedanken, die mir ihre Erfahrungen geschrieben haben

Darüber hinaus möchte ich mich noch bei allen meinen Klientinnen und Klienten bedanken. Sie haben mich an ihrem beruflichen und privaten Leben, ihrem Denken und Fühlen teilhaben lassen und lassen mich daran weiter teilhaben. So konnte ich über die Jahre einen immer tiefer werdenden Einblick gewinnen, wie Menschen sich angesichts von Veränderungen verhalten, wie Ressourcen aktiviert und welche Unterstützungen sinnvoll sein können. Und so darf ich mit und von ihnen immer weiter lernen.